一休陪你一起愛瘦身 *2*

最多人問的45天減脂計畫，
吃飽還能瘦的
美味秘密大公開

李一休 著

前言 ————————————

30萬公斤的奇蹟

減肥，一定要忍飢挨餓、食不知味嗎？

以前的我，的確是這麼想的。沒錯，只要吃得極少，一定會變瘦，但是，用這種極端違反天性的方式來減肥，不但過程痛苦，復胖的機率也很大。

在我錯誤減肥的斑斑血淚史中，嘗試過太多次利用挨餓來減肥的方法，但沒有一次能夠堅持下去，經常處於欲望與罪惡感天人交戰的掙扎中。有段時間，我甚至覺得心理狀態都開始扭曲了，當想吃的欲望徹底擊潰意志，我就會半夜偷偷跑去買300元鹹酥雞，加上一大杯700CC的奶茶，放縱地狂嗑下去，吃完以後又覺得後悔，跑去廁所挖吐……

直到為了追求我太太，痛下決心採用運動減肥，才終於擺脫了肥胖的詛咒。不過，我必須承認，我當時幾乎全年無休，每天跑10公里的減肥方式也不是很正確，這種方式有點極端，若不是在愛情魔力的驅使下，我想也很難撐得下去。

這些年來，我一直在思考、嘗試，並跟粉絲們不斷交流，以找出最合理、可行，而且能夠長久的瘦身方式。

對我來說，減肥的最高境界不是只要變瘦，而且，還要瘦得健康、瘦得好看，而不是瘦得病態。最理想的情況就是只減脂肪，不減肌肉，甚至能增加肌肉。肌肉能幫助增加代謝、燃燒熱量，降低復胖的機率，而且還能讓你的體態更優美。要達到這個目的其實也很簡單，只要照著一休的飲食概念控制飲食，再搭配適度運動，瘦得健康又好看就不再是夢想。

誰說減肥餐只能水煮？

因為一直規律運動，我的體脂肪都維持在標準狀態，大約是17%、18%，體態雖然還算不錯，但我對自己的線條卻還不夠滿意。若想要擁有更明顯、漂亮的肌肉輪廓，必須同時滿足兩個條件：第一，肌肉要夠發達；第二，脂肪層必須更

薄，這樣才看得出來肌肉的輪廓。

我很好奇，在我這樣的狀態下，體脂肪還有多少下降空間？

2014年，我突發奇想，以體脂肪下降到10％為目標，發起了「90天減脂飲食計畫」，運動照舊，但飲食部分則進行大幅調整。

計畫進行之初，我花了很多時間做功課，研究如何才能夠吃得好、吃得飽，而又能達到減脂的重要目的。

因為外食多半都高油、高鹽、高糖，健康低脂的選擇相當有限，我便試著自己做。剛開始，我只會「水煮」，我還記得我第一天的菜單是：汆燙雞胸肉、涼拌盒裝豆腐、一小碗水煮關廟麵、燙青菜，調味料是醬油膏。

做好後，我問太太和女兒要不要一起吃，但她們都說「看起來很噁心」，我只好幫她們買便當。但幾天之後，我心想，我在推廣健康飲食，但妻女反而在吃油膩又不健康的食物，這樣對嗎？

我發現，問題的癥結點在於：一般人觀念裡所謂的「減肥餐」都太難吃了，就只有一招：汆燙，色香味俱無，讓人倒盡胃口，也難怪老婆女兒不想碰。

我自己不也深深領悟過「痛苦的事情很難持久」的道理嗎？如果我希望健康飲食可長可久，就應該設法把這些令人痛苦的減脂餐，變成好吃的「家常菜」。

不過我沒有學過做菜，一切都要從零開始摸索嘗試。剛開始，我先設法「改良」主菜，比如說炒青椒肉絲時，我選擇豬後腿瘦肉絲，先稍微汆燙過，再用一點冷壓初榨橄欖油，和醬油、青椒一同拌炒，副菜仍是簡單的涼拌豆腐，主食則是

李小妹從2歲多就開始吃爸爸的愛心料理

糙米飯。

我在做菜時，女兒也在旁邊幫忙，做好後問她想不想吃，這次她還是面有難色：「不要！好像臭臭的……」雖然小姐不賞光，但我自己倒是覺得比之前純水煮的食物好吃太多了，讓我大受激勵。我在心裡說，我會再接再厲，做出讓妳們兩個能夠接受的美味健康餐的！

從那天開始，我興致就來了，努力在廚房「研發」符合健康又同時具備家常菜美味的減脂餐，接下來，我做出了豆乾炒肉絲、泡菜炒豬肉、香煎鯛魚片、香煎豬里肌……老婆剛開始對我的料理口味還有點半信半疑，嘗試過幾次以後，接受度愈來愈高。最後，我煮的食物不但健康，又符合減肥減脂的飲食理念，從大人小孩到長輩都能一起吃，這真是太好了！

巧克力腹肌與人魚線

這90天的減脂計畫，效果非常令我驚訝。在實施減脂計畫前，我只能算是有一點若隱若現的腹肌，計畫開始之後，我每隔幾天就自拍一張照片作為「before-after」的對照。

第一個星期，得站在光影對比大的地方，半側著身體拍照，靠著陰影加持，才能看到模糊的腹肌線條，而且當時還是有一點小腹。

第16天，線條逐漸浮現，但當時臉還有一點小肉；到第28天時，跟剛開始相比，已經有很大不同，原本只是若隱若現的線條，在光影對比大的地方拍照，變得輪廓分明，不過，若在一般光線下，還是沒那麼清楚。

到了第60天，我的體型從原本的「結實」，變為「精壯」，腹肌與人魚線的線條都變得清晰。

到了第75天，終於做到即使是正面拍照，也有輪廓分明的巧克力腹肌了，手臂的二頭肌也變得更明顯，此時，體脂肪已經降到15%。

到第80天時，我已經不再需要靠陰影加持，就能拍出凹凸的肌肉線條，不只正面，就連很難練的背

分別是第1天、第30天、第60天和第90天

肌，也都能看出流線的弧度。

在整個90天減脂計畫結束當天，我特地選在第一天拍照的同一個地方，在相似的光源下，再拍了一張照片，兩相對照，效果真是好得驚人，若跟多年前的肥胖照片相比，簡直是判若兩人！

而我的體脂肪，則從原本的17、18％，降到了12％，雖然沒有達到最初設定的10％目標，但我已經很滿意這個結果，現在的我，幾乎可以說是成年以來體態最好的時候。

吃得好，照樣瘦

而且，我也證明了一件事：就算在體重與體脂肪的減少空間都不大的情況下，靠著飲食計畫，還是可以降低體脂肪，幫助雕塑更完美的線條。

在體脂肪標準的情況下，即使只想要再下降1％，都不是一件簡單的事，但我還是做到了。而且，我並沒有挨餓虐待自己，也不是每天忍耐口腹之欲，逼自己吃味如嚼蠟

的東西，相反地，我吃得比以前更好了。

我把這90天的減脂餐一一拍照，公開在網路上，很多網友都很驚訝，「什麼？原來要減肥還可以吃這麼好嗎？」我可以很肯定地告訴大家：「當然可以！」而且，這些菜色本身就是健康營養的家常菜，不只是對想減肥的人有幫助，對於只想維持體重的人來說，也是有益的。

我其實只是個很平凡的人，並沒有什麼了不起的減肥撇步，我只是很誠實地把個人的心得、方法與親身經驗分享給大家而已。

我很感謝粉絲，一直給我非常熱烈的迴響，我曾在「一休陪你一起愛瘦身」發起過一個減重接龍的活動，大家把自己減重的數字分享出來，一方面可以強化自己信心，二方面也可以激勵社員。那一次參加者「鏟肉」的總量，統計下來竟然高達近30萬公斤，不少粉絲都減去十幾二十公斤甚至更多，實在是非常勵志的數字。

減肥真的不必痛苦、不必悲壯，只要生活習慣做一些調整，就能穩穩瘦下來，我們能做得到，你當然也做得到！

Q1 減肥時期任何甜食都不能碰嗎？

A 不管是不是減重期，我都建議少吃加工的精
緻甜食，因為那是影響健康跟變胖的重要原因，
但我也不覺得一輩子都不能吃（那也太極端），可
以在重要的時候才吃（例家人好友生日），以水果取代
（如草莓、藍莓、奇異果等）。想要有好的減重效果，最
好不要吃添加在食物中的糖分喔～

Q2 約一年半的低熱量飲食法，讓我減了35公斤，最近想慢慢吃回基
代，卻發現一吃身體就完全吸收。我不想回到以前的樣子，要如
何慢慢恢復飲食，而不再變胖呢？

A 這是用極低熱量減肥法經常會出現的問題（極低熱量＝約每天只吃1200大
卡），因為你吃的根本不夠基礎代謝，身體需要能源來燃燒，除了會從脂肪轉
換，也會從大量的肌肉去轉換，另外也會再降低代謝以適應你的極低熱量型態，
所以肌肉流失、代謝降低，身體又把代謝再降低一次，等於雙重降低，後遺症是
會導致你只要想吃多一點，或者不再使用這種極低熱量法時，所吃的熱量不但代
謝不了（因為代謝降低），還會以脂肪的型式儲存起來。

Q3 我好想減肥，卻不知道怎麼從飲食開始改變。
準備食材好麻煩，我也沒有下廚的經驗，要怎
麼做才會簡單方便、又吃得開心？怎麼分辨什
麼是食物？什麼是食品？

A 這本書就是要解決這些問題（也是大部分人剛開始的問
題）。想要減重減脂，到底要怎麼吃？不想吃難吃的水煮
餐，要怎麼煮才能好吃又快速？家人能一起吃我煮的食物
嗎？到底該吃什麼才是對的食物？這本書裡全部都有解答，
相信會幫助你有一個好的開始喔～

Q4 沒時間自己煮的外食族，想減脂該怎麼吃？

A 以現今的外食狀況來看，的確會比自己準備食物困難很多（因為比較難找到好的調理方式），不過我這本書裡也有為外食族設計了一個篇章，教你在各種不同的外食狀況下，可以選擇什麼類型的餐廳和食物。

我也設計了非常多快速又方便的減脂料理，只需花不到30分鐘、甚至很多連10分鐘都不用就能快速做好，即使是忙碌的上班族，也絕對能夠擠出時間料理的。

Q5 減脂飲食一定要斤斤計較，仔細計算卡路里嗎？

A 不是喔，每個人的每日熱量需求因生活型態變化，每天都會不同，計算卡路里較重要的是確保我們至少吃進足夠的熱量，再來也是學習了解食物份量跟營養價值的方法之一，並不需要太精算熱量，只要確保吃的都是好的食物就可以了。

Q6 減脂餐只能吃水煮無油的食物嗎？

A 當然不是，或許吃水煮無油會讓你好像瘦很快（因為很容易變極低熱量減重法），但第一，因為它很難吃，你無法持久；第二，如果你是負責煮飯的人，絕對很難叫家人一起食用（所以你要準備兩種不同的餐點）。我教的減脂餐是從家常菜改良而來，有好的油脂，也使用很多辛香料，不但健康好吃，還能讓全家人一起享用。醒醒吧，不要再吃淡而無味的水煮餐了！

Q7 家有小孩的適合一起吃嗎？
總不可能每天都準備兩份不同的餐點？

A 這本書設計的減脂餐，全都以天然食材為基礎，搭配健康的調理方式，營養也很均衡，不但對減脂有很好的效果，也很適合家裡的小孩及老人一起食用，不需要再另外準備不同的餐點，全家都可以一起吃喔～

Q8 我很愛吃，如果不改變飲食只靠運動，
能不能成功瘦下來？

A 當然可以。如果你可以堅持一星期運動六天，每天
運動1～2個小時，而且365天不間斷，還是可以辦到的。
只是，減重是飲食占七成，運動占三成，因為運動能消耗的
熱量其實有限，對減重的幫助也不完全是熱量消耗（更多是刺激
身體分泌好的荷爾蒙）。我也很喜歡吃，所以我設計的減脂餐都一定
是自己覺得好吃。大部分的人不想改變飲食，是因為傳統認知的減重飲食就是水
煮，而且還不能調味，我也不能接受，所以才會設計了好吃又健康的減脂食譜，
就是為了讓自己跟大家可以吃得開心，也能跟家人一起享用。
吃對的飲食內容，對減重來說就是事半功倍；只運動不改變飲食，就是事倍功
半，看你自己想選哪一種。

Q9 吃太多會胖，吃太少是不是也不會瘦？

A 是的，雖然太多跟太少，因每個人的代謝不同，
沒有一定標準，大部分人都試過的極低熱量減肥法
（每日少於1200大卡），在減重初期會很有效果，但
一陣子後身體很快就會啟動防禦機制，消耗肌肉，代
謝降低等，不但會讓你身體出現大大小小的問題，體
重也會停滯不動。吃至少滿足基礎代謝以上，快樂均
衡的飲食，可以持之以恆的方式，才是長久之道。

Q10 一週能放肆吃幾次？放肆吃是指平常不能吃的食物，例如鹹酥
雞、大腸麵線、蛋糕……很邪惡的食物！

A 這要看你對自己的要求而定了（笑），適時吃一些NG食物也是減重計畫中必
要的一環。但如果你剛開始減重，建議一個月一次就好，如果已到標準體態，其
實一到兩週一次都是可以的。不過當我越了解食物對於健康的影響時，自然就會
減少吃的欲望了（例如我會吃鹹酥雞，但我不喝含糖飲料，這也是方法之一）。

Q11 雞胸肉吃膩了，換雞腿肉可以嗎？

A 當然可以，我的減重食譜裡就有雞腿肉的料理喔。我提倡的減重法並沒有限制不能吃油，而是要吃好的油，從天然動物脂肪裡攝取的油脂就是好油之一，而且其實適合減脂的肉類不止雞胸肉，像雞腿肉、豬腰內、牛腱心，以及鯛魚肉等天然的海鮮都很適合（書裡有介紹更多），不要再傻傻的天天吃雞胸肉減脂囉～

Q12 很多食譜都有海鮮，但我不吃海鮮，該怎麼辦？

A 海鮮只是蛋白質來源選擇之一，像雞肉、牛肉、豬肉、各式豆類如豆腐、生豆皮、豆漿等，都是可以吃的或替換的。

Q13 減肥不能吃澱粉嗎？

A 錯，應該說不要吃精緻加工的碳水化合物，跟盡量吃好的澱粉。蛋糕、餅乾、巧克力棒等都算是精緻的碳水化合物，像白米飯、白麵條、米粉、炒麵等也算比較精緻的澱粉，這些食物對於血糖跟胰島素的影響都很大。
糙米、粗製燕麥片、義大利麵、全麥麵包、地瓜、芋頭、南瓜、山藥等，都是好的澱粉類食物，可以適量食用。

Q14 平常培養良好的運動和飲食習慣，但一旦出門吃大餐（如吃到飽）就會有很嚴重的罪惡感，該怎麼建立正確心態呢？

A 你現在的體態是因為吃一餐而造成的嗎？大部分的過重（腰圍比或體脂過高），絕對是日積月累的飲食習慣所造成的，就跟你不可能期望吃幾天減脂餐就瘦一樣，你也不用擔心大吃一餐就變胖。平時做好飲食控制跟運動，就是為了讓我們有本錢在想大吃的時機可以大吃而不用擔心，不過最好還是要控制頻率，如吃到飽，一個月一次最多不超過二次是最適宜的。

Q15 餵母奶的媽媽該如何把握黃金瘦身期（產後6個月）
進行減脂飲食，又不會影響寶寶生長？

A 　其實餵母奶的媽媽，每天光是產生母乳的熱量消耗就很大了。我的減脂飲食
都是吃天然的食物跟營養均衡的方式，只要照著吃就可以了（記得不要挨餓），
媽媽吃得健康，寶寶自然就吃得健康，千萬不要忽略攝取好油跟足夠蛋白質喔～

Q16 孕期也想控制體重，但好難，
有什麼方法可以做到嗎？

A 　其實孕期約增加9～12公斤是很健康的，產後如果餵
母乳，搭配健康飲食，通常很快就可回到正常體重。我的
減脂食譜裡，都是使用天然原型、營養均衡的食物，在這
些食物組合裡，你可以任意吃想吃的份量，額外補充一些
孕期醫生建議的營養素（餅乾、蛋糕吃多可是不行的）。

Q17 運動前後，該如何飲食？（我在運動後都會很想吃東西⋯⋯）

A 　很多人誤以為運動後不能吃東西，這就大錯特錯了，其實運動後
正是吃東西的黃金時間，但正確的營養組合、適當的份量
才是關鍵，至於運動前如果不是特別餓，不吃或吃根香
蕉補充一點醣分都可以喔～

Q18 減重跟睡眠時間有正向關係嗎？

A 　有的，如果你每天的睡眠時間只有4～5個小時，身體會分泌大量的壓力荷爾
蒙皮質醇，讓你容易囤積脂肪，不易合成肌肉。建議每天至少睡7～8小時，對健
康跟減重才會有好的效果喔～

Q19 減脂和增肌可以同時進行嗎？

A 對很少運動或體重很重的人，在初期是可以的，不過因為減脂跟增肌，基本還是兩件不同的事（因為攝取的熱量跟食物的組合會有點不同），對於體態已經標準或已經有一定肌肉量的人，還是分開進行會比較有效，當然要同時也不是不可以，但你必須非常了解自己跟精算食物的熱量、組合、進食時機等，非常辛苦，不易執行。

Q20 坊間流行的生酮飲食、防彈咖啡、過午不食這些方式，到底好不好，有沒有效？

A 這個題目說來話長，但我想告訴大家，任何減重方式都是一種工具。我常常說要瘦下來其實不難，但難的是瘦下來後，你要如何維持現在的體態！

美國有一個很有名的減重節目，裡面的挑戰者都是減50公斤，甚至100公斤以上的人，但幾乎所有的挑戰者幾年後都復胖了，根據統計，在減重的五年內大約有八成的人會復胖。

很重要的原因是，當他們用了極端但有效的方式減到標準體重時，即不再使用那個方式，第一，你得評估這個方式到底對健康有沒有疑慮，第二，它適不適合你長期、甚至一輩子使用。

一休提倡的減重方法中，快樂一直是很重要的元素，只有當你真心喜歡那樣的方式，你才能持續的進行。

而我的方式就是這樣的方式，透過學習吃好的食物，用好的烹調方式，跟全家一起享用，即使瘦下來。你也會一直想用這樣的新健康飲食型態持續下去，那才是最重要的關鍵。

可以快樂享用美食、
一輩子不再復胖的減肥法

　　我曾經嘗試無數種減肥方式：針灸、埋線、吃減肥藥、不吃晚餐、雞尾酒療法、少吃多運動、ＸＸ三日減肥餐、蔬果斷食法等。反正不管什麼方式，只要聽到那個瘦身法可以「快速」的在一到兩個星期就瘦掉好幾公斤，我就一定會去嘗試。

　　相信你也想甩掉身上幾公斤的肥肉，不然也不會翻開這本書。如果你跟我一樣，有著神農氏嘗百草的精神，一定也有過跟我同樣的感受。

　　沒錯，那些號稱可以快速減重的方式，的確讓我在短期減掉了幾公斤，基本上不管哪種減肥方式，真的每種都可以瘦，但重點來了：雖然每種方式都可以讓我在短期減掉幾公斤，但只要我一停止使用那個方式，回復本來的「正常飲食」。（補充一下，很多人自以為的正常飲食，其實非常不正常，大部分人的肥胖，90%跟他本來的飲食習慣有絕大的關係。）

　　對，只要一回復正常飲食，無一例外，不管我當次減掉了幾公斤，一定在很短的時間裡就還給我，而且連本帶利喔。本來瘦3公斤，就還我4公斤，本來瘦5公斤，就還我6公斤，每一次的復胖一定比減掉的體重還多1到2公斤。

　　這就是坊間號稱快速減重的最大問題，基本上他們也沒有騙人，真的每種方式都可以瘦，但他只管瘦，不管怎麼瘦（就是不管你瘦的是肌

肉、脂肪、還是只是水分）。

第一，大部分的減重方式，只要強調極速、快速，那種一、兩個星期減掉好幾公斤的，其實幾乎都只是身體脫水暫時造成的體重下降而已。

第二，如果是長期的低卡飲食（男生低於1200大卡，女生低於1000大卡以下），當你減掉體重時，幾乎都是伴隨著代謝下降、肌肉流失。

根據我多年的減重經驗得到的結論，任何號稱快速減重的方式，幾乎都會讓你快速胖回去。用常理想想，其實很簡單：

你身上的脂肪，你的胖，是因為這一個星期吃的大餐比較多，就變成這樣子的嗎？
你身上的肥肉，難道是昨天吃了一餐麻辣火鍋，今天就長出來的嗎？

當然不是嘛！

既然你不是吃一兩餐就胖，或一兩個星期就從瘦子變大胖子，那你怎麼期望一兩個星期就瘦下來呢？

肥肉就像舊情人，培養了那麼多年的感情，要分手也不是那麼容易說斷就斷的，總要花點時間好好溝通，慢慢分手，偶爾還要藕斷絲連一下，說好要搬走了，結果又回來住了幾天。來來往往的，經過一段時間，才慢慢成功分手。

減肥就完全是一樣的過程，你的肥肉不會一下就不見，不會今天開始減肥明天就變瘦，你要花上好一段時間跟你的身體溝通，餵養好的食物，持之以恆的運動，慢慢的花上一個月、兩個月、三個月，才會開始有成果出現。

但其實這才是正常的，也是正確的方式。

其實說穿了，減重就是一個改變的過程，剛才有說到，你會變胖，幾乎都是生活習慣、飲食習慣的關係（當然還有一部分是因為年紀漸長、肌肉流失），而這些都是需要花時間，慢慢改變、調整、習慣的。

而我們也都知道，減重是七分吃三分動，要減肥成功，70%跟你吃了什麼食物有關，剩下的30%才是你做了什麼運動。

所以基本上只要吃對，你就成功一半了。

我的第一本書《一休陪你一起愛瘦身》，已經用很簡單的方式告訴大家減重時的飲食觀念，但因為篇幅，無法說明得很詳細，也沒有提供食譜。而這一本書，就是要解決這個問題，我要教你們調整飲食習慣，讓大家知道，食物的力量有多麼巨大。

三年多來，已經有數十萬個人用這樣的飲食方式，為地球減去了好幾十萬公斤的重量。這是一個從小朋友到老年人都可以使用的飲食方式，不但能減去體重，還能獲得健康。

而我剛才說過，一個改變，絕對不是一、兩個星期造成的。

大家都知道我曾經花了一年甩肉25公斤，很多人就會說：「哇！好厲害啊，瘦25公斤耶！」

我反問：「如果讓你一個月瘦2公斤，你覺得可以辦得到嗎？」

大部分人幾乎都回答可以，當然，太容易了嘛，瘦2公斤有什麼難，對吧？我告訴你，其實我瘦25公斤一點也不難，因為其實我只是每個月都瘦2公斤。

重點不在一個月瘦幾公斤，重點在持之以恆的力量。

即使你一個月只瘦1公斤，但十二個月下來也是12公斤，你知道12公斤的肥肉有多大一坨嗎？

所以，聰明的你應該發現重點了。

剛才一開始我就講到，雖然快速瘦身的方式基本上都可以讓人瘦，但你有沒有發現，那些極端的方式幾乎都難以長久執行，只要一停下來，就會讓你以更快的速度反彈回來。

而我要教你的方式，就是要讓你可以用這樣的飲食，用一個合理的、均衡的、可以長久執行的生活方式，這樣才有辦法長久使用。

而45～90天，是我認為執行一個減重計畫最完美的周期。

因為第一個月，可能你只瘦了2公斤，看不出太巨大的改變，但持續下去：第二個月，你已減去4公斤，開始看出體態的差別，有點不一樣了。再持續下去，第三個月，你已減了6公斤的脂肪，跟第一個月開始執行計畫前相比，已經有了很大的改變。而這樣的改變，會讓你更有信心，並且持續下去，持之以恆去做。

你會發現，所謂減重，就是用好的飲食習慣取代原來不好的飲食習慣，用好的生活方式取代原來會導致肥胖的生活方式。

透過執行一到兩次的45天減脂飲食計畫，你已經培養良好的飲食跟生活習慣，並且覺得自己可以一直快樂的執行下去，這就是我的重點。

我不想只給你魚吃，我要教你釣魚，因為減重最難的從來都不是減掉幾公斤，瘦下來後的維持其實才是重點。

我要教你的是一輩子不會復胖，並且可以一直快樂享用食物的生活方式。

讓我們繼續看下去吧！

設定目標，
90天後蛻變成為全新的你

　　了解該用什麼心態來準備減重計畫後，接下來我們就要來設定目標了，在減重上，設定目標是非常重要的事。

　　因為每個人的身高、體重、性別、肌肉量、生活狀態和理想的體態都不一樣，所以雖然大方向都差不多，但細節還是都會有所區別，這時候知道自己的目標就很重要。

　　設定目標最重要的第一件事，是要設定合理的目標，有了目標我們才能好好來安排計畫。

　　一般來說，一個月平均減重2到2.5公斤是比較合理的數據，但因為剛才講的，每個人的身高體重都不一樣，有50公斤要減的人（意味體重比較重的人），跟只有10公斤要減的人，初期每個月減重的速度肯定是不一樣的（不過其實拉長到一年來說，都會差不多，因為到後面當你體重越標準，減重的速度就會越來越慢）。

　　所以其實比較嚴格的計算，是一個月減去的重量，不超過現在體重的3～5%，意味100公斤的人，一個月可能可以瘦到3～5公斤是比較合理，超過就有可能減太快（減太快的後果，很有可能伴隨著肌肉流失，代謝快速降低）。如果是60公斤的人，則平均一個月不要減超過3公斤，是比較安全合理的。

　　其實男女生也不一樣，因為男生的肌肉量通常比女生高，意味代謝量

也比較高，所以初期男生通常會減得比較快，不過時間拉長來看，最後都會回到平均值，所以不用太糾結減重的速度，你更應該注意的是鏡子裡的自己看起來有沒有更好。

以我的經驗，一般減重計畫以45天～90天為一個周期是最好的，因為30天太短，可能還看不出成效，45天如果認真執行，通常會有一定效果了，但這時沒有維持就很可能會很快復胖。兩次45天的計畫，合成90天則是我認為最適合時間，因為只要你有做正確的事，90天後通常體態會有很明顯的改變。

有了成果，你就會更有動力再堅持下去，每一個月照一次相，看看鏡子裡自己的變化，90天後一定會蛻變成一個全新的你。

所以我們來整理一下設定目標的幾個要點：

1. 先知道自己總共需要減幾公斤，或自己理想的體態為何

平均一個月大約2到2.5公斤，所以如果你有超重10公斤要減，大概就是五個月的計畫；如果你有30公斤要減，則需要把計畫拉長到十到十二個月。

這裡我們就會發現，合理的、快樂的、可以在生活上執行的減重計畫很重要，如果你用的是極端的、痛苦的、不快樂的減重方式，就算你有滿滿的熱情，因為太痛苦肯定很快就會後續無力，可能兩個月都撐不過，又何必談五個月或十個月？

2. 設定階段目標

如果你有超重30公斤以上要減，我們已經知道會需要十個月的時間，這時候我們可以再設定階段目標，例如我們三個月希望能減10公斤（假

設體重80到90公斤以上的減重朋友），就可以以90天爲一個單位，來檢視自己的減重進度。

3. 蛋白質需求

　　減重當中，有一點很重要的就是蛋白質需求量，一個不運動的正常人，一天的蛋白質至少以體重1公斤攝取1克爲主，例如60公斤體重，一天就應攝取至少60克蛋白質（約300克雞胸肉）。

　　如果你有在做重量訓練和肌力訓練，運動量大，則建議體重1公斤至少攝取1.5～2克。就是60公斤的人，至少要攝取90~120克左右的蛋白質（約450～600克雞胸肉）。

　　因爲減重多少都會伴隨著肌肉流失，如果蛋白質攝取不足，肌肉流失

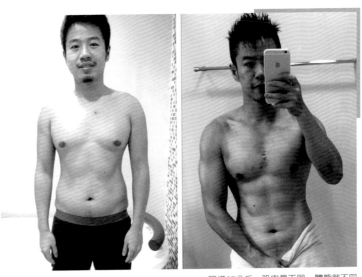

同樣67公斤，肌肉量不同，體態就不同

就會比較嚴重，如果蛋白質攝取足夠，又搭配適當的肌力訓練，則可以讓我們在減重中盡量避免流失肌肉（對於新手，還有增加肌肉的效果）。

肌肉的多寡是體態好不好看的關鍵，如果你都沒有肌肉，即使瘦下來也是會乾巴巴不好看。

攝取足夠的蛋白質，可以讓我們在減重中還能盡量維持或增加肌肉，瘦下來才能擁有好看又健康的體態。

4. 設定獎勵

在減重時，設定獎勵是很重要的事，像我會設定買自己喜歡的衣服、褲子，或者吃喜歡吃的美食。

在減重時，你必須捨棄或改變一些舊有的習慣，例如不喝含糖飲料、不吃零食、不喝酒，但人生總是有需要放鬆的時候，你可以透過獎勵機制，來為自己增加一些動力。不過我比較建議不要用食物當作獎勵，因為很可能一吃就會暴飲暴食，所以可以設定買衣服、包包，或像我是男生，就會想買個PS4或XBOX之類的。

你也可以跟男友或女友（老公或老婆）一起設定目標，達到目標的話，獎勵當然就是對方送啦！

5. 快樂地執行很重要

我一直強調，在減重中，開心是最重要的，因為每個人的條件不同，動力不同，可以執行的方式也不同，一定要切記，以你生活中可以執行的方式來改變。

例如你覺得跑步很痛苦，那就先走路；你不喜歡腳踏車，但你很喜歡

打球、跳有氧，那就去打、去跳。

　　你覺得真的沒時間準備，我也有教一些簡易採買常備菜的方法，從簡單、可以的事開始做，不要一開始就給自己極限大挑戰，最後反而容易因為覺得痛苦，又沒有立即見到自己想要的成效而放棄。

肌肉 VS. 脂肪的差別

很多減重過的人應該都有一樣的心情：

好不容易挨餓了幾天，站上體重計，體重輕了1、2公斤，心情整天都很好，覺得自己這幾天沒白挨餓，一整天的心情都很彩色。

另一種是好不容易挨餓了幾天，站上體重計，體重完全沒變，甚至還有可能多了1公斤，頓時晴天霹靂，整個人生瞬間變成黑白。

媽的咧，老子（老娘）好不容易餓了好幾天，容易嗎我，你這體重不瘦就算了，還給我胖了！

當天晚上立馬開吃，而且還是大吃特吃，啤酒、熱炒、炸物、珍奶什麼樣樣來，體重什麼的都是浮雲，老子（老娘）這輩子就是瘦不了，不減了！

吃完後很爽，隔天馬上就後悔，怎麼沒減還好，一減更慘。然後就一直重複一樣的循環，掉了幾公斤很開心，重了幾公斤就很憂鬱，人生彷彿就像被體重控制了。

今天我就要來破除大家的魔咒，因為我也有過這樣的迷思，上面講的體重一輕就開心，一重就放棄大吃，就是我以前的寫照。現在我已經走過那段了，我要用真人實證告訴你，為什麼體態比體重還重要，為什麼你應該注意鏡子裡的體態勝於體重計上的體重。

首先我們要知道，人體體重大致是由骨頭、肌肉、脂肪、內臟器官，跟水分等所組成。一般來講，決定我們看起來胖瘦的關鍵，並不單純由

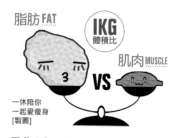

脂肪 FAT　IKG 體積比　肌肉 MUSCLE

3　VS

一休陪你
一起愛瘦身
[製圖]

體脂和體態變化
才是重點！

體重所決定，而是由體內肌肉組織跟脂肪組織的比例所決定。

同樣公斤數，1公斤的肌肉跟1公斤的脂肪，雖然一樣重，但看起來的體積可是大不同。一般來說，1公斤的脂肪比1公斤的肌肉，體積約大15～20%。也就是說，同樣公斤數的情況下，體內肌肉比例較高的人，比起脂肪比例較高的人，看起來會比較瘦。

1公斤的肌肉，消耗能量的效率是脂肪的4～7倍，意味身體肌肉比例較高的人，不但看起來較瘦之外，因為燃燒熱量的效率較高，更不容易胖。即使偶爾的大吃（例如出國旅行），也能很快就調整回來。

以我自己為例，左圖是68～69公斤左右，右圖是71～72公斤左右，雖然右邊的我體重更重了，但是體態看起來卻比左邊的好很多。這是為什麼呢？因為左邊的我，雖然體重較輕，但肌肉比例同時也較低，右邊的我，雖然體重較重，但肌肉比例也高。

剛才我們說到，因為肌肉的密度高、體積較小，雖然右邊的我體重更重，但看起來反而比左邊體重比較輕的體態還好很多。

一開始也有提到，體重是由骨頭、肌肉、脂

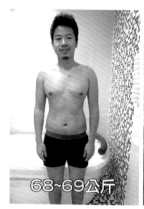

68~69公斤

71~72公斤

肪、內臟器官和水分等所組成。大部分節食所瘦下來的體重不會全是脂肪，同時還會有肌肉、水分（還有拉屎也會讓你掉個1～2公斤）。

而且節食到一定程度，因為肌肉比較耗能，當你長期低熱量飲食，身體會認為現在是處於飢荒狀態，而把較耗能的肌肉也努力消耗，盡量保留脂肪，以預防萬一沒有食物來源時，還能利用體內的脂肪供能，度過飢荒。而且會把代謝也降低，以盡可能節省能量消耗。

這樣做的壞處是什麼？就是當你終於受不了節食時，或你發現體重沒減輕而開始大吃時，因為代謝降低，身體消耗能量的效率也降低，肌肉組織又少。所以只要一吃，一方面代謝變低，所以消耗變少，二方面因為長期節食，突如其來的能量對身體來說是一種天降甘霖，身體會想把能量都轉換成脂肪儲存起來，而不是消耗代謝掉。

當然肥胖的因素有很多，但我們可以很清楚的知道一個事實：當你長期少吃，肌肉組織又少，即使你體重減輕了，看起來絕對不是你當初理想中想瘦下來的樣子。

人們只在乎你看起來好不好看，而不在乎你的體重有幾公斤。

**想要*體態好看*，
你應該專注在提升肌肉量。**

提升肌肉量有以下好處：
1. 代謝更高，可以吃更多而不容易變胖。
2. 因為肌肉密度高，所以即使體重增加，身材曲線還是會很好看。
3. 肌肉比例高的人，會有更好活動力、更大力量、更強爆發力。

4. 人體在30歲後，肌肉會逐年流失。人體的退化老化，很大程度也跟肌肉流失有關，維持或增加肌肉比例，可以讓即將到來的中老年人生更有品質。

5. 當你專注在提升肌肉，知道體重不等於體態，就可以不用再被體重制約，心情不會跟著浮動，就能夠有更快樂的人生。

ps1. 體脂低不代表肌肉量，如果體脂低但沒肌肉量，看起來還是只是瘦而不會結實。

ps2. 體脂計是不錯的測量工具，但我們應該以長期的測量為主，檢視長期的體脂曲線是否有下降，而不要只注重短期的變化。

ps3. 體脂肪並不是絕對越低越好，人體內還是要有適量的脂肪保護內臟組織，以及儲備能量，一般男性在10～15%，女性在18～22%就算滿標準的體態。

ps4. 腰圍比也是一個不錯的檢視方式，如果男性的腰圍大於90公分，女性大於80公分，通常表示體脂肪跟內臟脂肪都過高，應該注意不要再讓體重失控下去了。

ps5. 長期而言，只要你有開始運動，多做肌力訓練、重量訓練，都會比完全不運動來得健康很多，就算你是微胖，但只要有在運動，同樣條件下，也是會比瘦但都完全不運動的人死亡率還低。

不管是胖是瘦，運動都可以給你帶來無限多的好處。

如果短期無法不在乎你的體重，那就丟掉於體重計，每個月為自己照一張相片，專注在你體態上的變化吧！

那我到底該吃多少才夠？

前面我們已經知道要設定合理的目標，要吃天然原型的食物。要把目標放在增加肌肉量，體態比體重更重要。

接下來我們只需要再掌握好自己的基礎代謝跟TDEE，再合理的從這中間產生適當的熱量赤字，減重對你來說會是一件a piece of cake的事。

什麼是基礎代謝（BMR）？

簡單來說，就是你一天24小時，躺在床上不吃不喝也不動，也會需要消耗的熱量，這些熱量主要用來維持生命基本機能所需，例如心臟的跳動、血液的循環、呼吸的機能等。

BMR怎麼計算？

行政院衛生署資料

BMR 男 = 13.7 × 體重（公斤）+ 5.0 × 身高（公分）− 6.8 × 年齡 +66

BMR 女 = 9.6 × 體重（公斤）+ 1.8 × 身高（公分）− 4.7 × 年齡 +655

這些熱量就是維持我們生命的基本熱量需求，每個人因為身高、體重和肌肉量不同，這些基本熱量也會不同。例如80公斤的肌肉男，跟50公斤的泡芙女，他們的基礎代謝一定是不一樣的。

80公斤的肌肉男，身體的需求熱量一定比50公斤的泡芙女大得多，所以如果你沒有先了解自己的基礎代謝，如果你現在100公斤，卻只吃了50公斤基礎代謝的熱量，雖然會瘦，但因為連基礎代謝都不夠，完全不

夠維持你生命的機能所需，那些不夠的，就會慢慢從你的肌肉、器官去消耗，這也是為什麼很多人減肥減到生病，因為熱量都不夠身體消耗了，只好去耗損你的肌肉等其他較不是立即重要的器官來產生熱量給身體使用。

或者你只有50公斤，食量卻跟一個80公斤男生份量一樣，雖然滿足基礎代謝了，但再好的食物，吃遠遠超過你的TDEE的話，還是會胖。

剛才講到，基礎代謝是假設你24小時不吃不喝也不動，維持生命機能的最低熱量，可是我們一般人，如同現在正在看書的你，每天會走動、吃飯、上廁所，甚至運動等，這些都會需要消耗熱量。

這時就需要了解另外一個數字：

每日消耗總熱量（Total Daily Energy Expenditure）＝簡稱TDEE

TDEE怎麼計算？

TDEE＝基礎代謝＋日常活動消耗熱量＋食物熱效應（吃完食物消化時需要的熱量）＋運動產生的熱量（運動中需要的熱量）＋運動後身體需要修復的熱量（如運動後修補肌肉）

所以我們每天的熱量需求，就是至少要吃足基礎代謝，但不要超過你的TDEE，在這中間就會產生一些熱量赤字，在你有滿足基礎代謝的前提下，不夠的熱量，身體就會願意使用脂肪來產能給身體使用。

但我們也可以看到，TDEE除了基礎代謝，還跟你每天做的事有關，例如今天有沒有運動、有沒有走路、使用的勞力多不多等，無法有一個固定的數字。

一般來說，依體重跟生活模式不同，男生每天的總熱量消耗為

2400～3000大卡左右，女生為1800～2200大卡。

比較精準的算法，會是每日從TDEE少300～500大卡。例如一個基礎代謝1600的男生，TDEE約為2400大卡。

2400-300=1900大卡

如果他有再多運動一點，例如今天運動了一小時，消耗了約500大卡，TDEE可能就會變成2600～2700。

2700-500=2200，表示有運動那天，他可以吃到2200大卡。

不過老實說，這樣會比較複雜，因為每天變數很多。所以如果簡單一點，就是每日至少要吃到滿足基礎代謝＋300～500大卡（這部分依男女不同會有一些差別）

例如一個女生基代1200，TDEE可能會落在1800，那她每天至少吃足1500～1600大卡（要多吃300～500大卡，是防止吃不夠變成低熱量飲食），然後再運動30分鐘，每天就可以有200～500大卡的熱量赤字。

平均每消耗7700大卡可以減去1公斤的重量，所以假如每天有400大卡的熱量赤字，約20天可以減1公斤，90天就可以減去4～6公斤不等（依你努力的程度）。想想看，就算低標90天減4公斤，只要執行三次就是12公斤，這還是很輕易就可以辦到的。別忘了，一休追求的是一個可以長期執行、而且快樂的減重方式，因為不是極端，而且食物還很美味，有吃對食物的前提下，運動的效果也是事半功倍。

所以，一年要減15～20公斤都是很輕鬆容易的事（這是假設你有超重那麼多公斤要減）。不要求快，不要心急，也不要覺得公斤數太少。15公斤對一個人來說是巨大的改變，如果你跟豬肉攤老闆買15公斤豬油，會驚訝你所減去的份量有多巨大。

聰明選擇外食，避開減肥地雷
—— 如果實在不方便自己煮……

自己做菜，肯定是最能控制食物熱量並掌握食材品質的方法，但我也能夠理解，有時候就是不方便自己煮，也許你必須加班，回家已經很晚；也許你的房東不允許你開伙，或者你住的地方根本沒有廚房……這些苦衷都逼得你非吃外食不可。

外食的地雷的確相當多，但如果你能遵守一些原則，吃外食還是有辦法瘦下來的。針對上班族最常用來解決三餐的幾種外食管道，我整理出一些建議跟大家分享。

自助餐

自助餐的菜色普遍都比較油，我們只能盡可能選擇比較安全的菜色。蛋白質部分，我建議可以選擇滷蛋或蒸蛋、白斬雞、滷雞腿，淋蒜蓉醬油的豬腱子肉、蒸魚、滷豆腐等低油料理。記住，「反光」愈明顯的通常都含有較多油脂，那些看起來油油亮亮的宮保雞丁、糖醋排骨，在減肥期間，你最好還是避開，而炸雞、炸排骨之類的更不用說，請跳過。

因為自助餐的青菜通常都用很多油去炒，在夾取時，夾上層一點的，不要夾吸收太多油水的部分。如果可

自助餐

能，或許可以在熱茶水裡「過」一下，洗掉一些油，或是乾脆點涼拌類的蔬菜，例如涼拌青花菜、涼拌秋葵等，就不會攝取到太多油脂。

如果有選擇，請盡量挑GI值較低的糙米或五穀飯，但比較可惜的是，多數自助餐都只有供應白飯，要找到供應非精緻穀物的店家比較難。

麵店、小吃攤

麵店或小吃攤的食物，減肥地雷反而比自助餐少。我有個粉絲是個沒多少選擇的外食族，但他靠著精選麵店飲食，八、九個月下來竟然能瘦30公斤！

麵店的豆乾海帶

他是怎麼做的呢？澱粉部分，他都點乾麵，但跟麵店老闆說不要加肉燥，直接淋一點醬油膏、辣椒醬就好；蛋白質部分，他則點一小碟豆乾、皮蛋豆腐、滷蛋、肝連肉或嘴邊肉、豬舌、豬心、豬肝……之類的黑白切；纖維質部分，則是海帶與只淋醬油膏不加肉燥或油蔥的燙青菜。

仔細分析一下，一把麵約70～80克，差不多250大卡，肝連肉、不帶肥的內臟大約100克150～160大卡，蛋70大卡，和青菜等加起來，通常不會超過300大卡，一餐這樣算起來550大卡，其實控制得相當精準。

或者像魚肉（皮）湯、蚵仔湯、蛤蜊湯也都是外食時可以買到的好喝湯品。所以以友善度來說，麵攤其實是減肥中外食族非常好的選擇（當然唯一就是對荷包不友善）。

便利超商

　　便利超商的好處是：食物多半都有標示熱量，方便篩選。大原則就是：盡量挑選「原型食物」吃，避免吃加工食品，黑輪、豬血糕、丸子、熱狗……都是地雷。

茶葉蛋

　　在纖維質部分，便利超商都有賣盒裝生菜沙拉，這是不錯的纖維質選擇，但要注意沙拉醬，一般會有凱薩、千島跟和風三種可選，只有和風熱量較低。但不管哪一種，鈉含量還是偏高，如果你一定要加，建議加一半就好，當然，能不加是最好的。此

蕎麥涼麵

外，關東煮裡的白蘿蔔、杏鮑菇、香菇、茭白筍、娃娃菜……等，也是纖維質的來源選擇，只是千萬不要夾麻辣油區的蔬菜，那都吸收了大量油脂，吃菜的同時也吃了很多油。

　　蛋白質部分，最方便的就是茶葉蛋或溫泉蛋，至於其他肉類的選擇則比較少，你可以考慮買番茄鯖魚罐頭，但罐頭的烹調方式都很鹹，鈉含量太高，建議用熱開水過一下，洗去多餘鹽分再吃。

　　三明治會比盒裝壽司好，因為三明治裡有蔬菜和溏心蛋。三明治200卡，御飯糰更低，一顆才120到140大卡。肉類比較困難，他們都沒有現成的肉。如果你沒有配菜，可以去買非基改豆腐，加一點醬油膏。我有個粉絲很聰明，他在家裡調好蒜泥辣椒醬油，去買豆腐來淋。溏心蛋也

是個不錯的選擇。

在澱粉類部分，壽司、捲餅貌似很
清爽，但仔細看成分，含有很多美乃
滋、加工食品如蟹肉條，脂肪含量並
不少；盒裝涼麵都是精緻碳水化合
物，義大利麵條雖是中GI值食物，但

無調味堅果

超商供應的烹調方式卻會讓熱量衝到700、800大卡，也是地雷。如果你
想減肥，超商最好的澱粉選擇是：烤地瓜，如果很想吃麵，建議吃日式
蕎麥麵，碳水化合物相對比較沒那麼「精緻」，醬汁熱量也比較低一
點。

至於要如何攝取好的油脂？建議選擇無調味堅果，攝取堅果本身的油
脂就好。而水果部分，蘋果、芭樂都很理想，含鉀高的香蕉也是好水
果，不過，它主要的成分是碳水化合物，當點心吃不錯，但不要選太熟
的，愈熟的香蕉糖分愈高。

義大利麵

義大利麵其實是減重時還不錯的食材，GI值比起白米飯和烏龍麵相對
低，算是中GI值（55），義大利麵是更好的選擇。

一般餐廳的一人份義大利麵，大約都70~90克，不含醬汁大約在300大
卡以內，所以剩下的就是醬汁的熱量了。

一般常見的醬汁有白醬、紅醬、青醬跟清炒。

白醬主要以奶油為基底，通常為了濃郁感，還會加入麵粉，跟一些額
外的油脂，所以白醬就直接NG。

紅醬主要以番茄為基底，相對白醬好很多，但番茄的價格不算便宜，

所以市售的大都是用加了澱粉的番茄糊，例如大家最常點的番茄海鮮義大利麵，其實也是可以選擇的菜色。

義大利麵

標準青醬是加了蘿勒葉跟橄欖油、松子打成，其實滿健康的，不過因為要符合口味，外面吃到的青醬大都以奶油青醬居多，另外因為比較多油脂，也比較容易不小心吃進過多熱量。所以青醬是可以偶一為之的選擇，但不要常常吃喔。

清炒類的以香蒜辣椒義大利麵跟清炒青蔬類的義大利麵為主，像白酒蛤蜊義大利麵、香蒜辣椒義大利麵、甜椒雞肉義大利麵等。清炒其實比較單純，就是用橄欖油加上一些配料跟義大利麵一起炒，總熱量是最低的，是最好的選擇。

外食吃義大利麵時，優先順序是：清炒＞紅醬＞青醬＞白醬

熱炒

熱炒店也是很常遇到的聚餐地點之一，熱炒相對就有點難辦，因為一般熱炒店都是讓人喝酒的地方，口味都會炒得比較重鹹、重甜，當然也重油。

熱炒店相對好的選擇是炒青菜、白斬雞、蒸魚、蒸蛤蜊，絲瓜蛤蜊、蒜泥白肉也可以，或者是烤類，例如烤花枝、烤鮭魚，湯的部分也可以選擇鳳梨苦瓜雞湯之類。

所以大原則就是要避掉炸類跟熱炒類，可以盡量選擇蒸、烤、湯，或者一些涼拌菜，生魚片類也可以。當然不能配啤酒啦！

速食店

　　有時只有速食店可以選擇，或者是早餐的選擇少時，可能不得已還是得選擇速食店。

　　其實還是有解的，一般速食主要是高油脂跟加工食物，我們只要稍微慎選，還是可以找到一些可以吃的，另外只要在點單時要求生菜加量，很多店家都是可以客製化的。

速食

　　早餐可以選擇鮮蔬堡，一般就是加起士、火腿、蛋跟蔬菜的，避免油炸類，例如咔啦雞腿堡。

　　如果是正餐，就避免油炸雞，這時可以選的大概就是烤類的，例板烤雞腿堡之類。

　　飲料則可以選擇黑咖啡、無糖茶類或全脂牛奶。配菜部分，現在速食店也大都有生菜沙拉可以買，這樣即使吃速食店，還是可以無負擔的減重喔。

　　另外提醒，像薯條、雞塊、蘋果派甚至聖代、奶昔都是大NG的食物，可是萬萬不行吃的喔（好啦，如果真的很想吃薯條，就跟別人一起買，吃幾根就好）。

火鍋

外食選擇的第一名就是火鍋了，不過記得是清湯類的火鍋，不是麻辣火鍋，也不是壽喜燒那種，最好的選擇就是小火鍋。火鍋的選擇非常簡單，食材部分只要避免加工類的火鍋料，例如餃類、丸類，請店家換成青菜或豆腐之類的。

醬料部分只要避掉沙茶醬，其他都可以加，提供我自己的醬料調法，我喜歡用醬油、白蘿蔔泥、蒜泥、蔥花，最後再加上醋跟辣椒，就是非常好吃又沒有負擔的醬料。

主食部分，海鮮類都可以，豬肉類可以選擇豬里肌（或豬梅花），牛肉類可以選擇牛腱，雞肉類則是都可以。

青菜類當然就是任你吃，菇類也是愛吃多少就可以吃多少。

這樣一鍋就算讓你吃到飽，熱量大約都會在600大卡以內，算是非常好的外食選項。

火鍋

夜市

我非常喜歡台灣的夜市文化,從第一攤吃到最後一攤,更是我的夢想,不過很遺憾的,目前夜市的地雷食物真的很多。例如蚵仔煎、炒米粉、炸雞排、炸熱狗、起士馬鈴薯、炸蛋餅、珍珠奶茶等,聽起來很誘人對不對?但別太高興,這些統統不能吃。

潤餅

不過雖然不能全都吃,還是有一些可以吃的。例如鹹水雞就是還滿適合的選擇,現在鹹水雞的攤子都提供了大量的蔬菜可以選,像綠花椰、小黃瓜、娃娃

鹹水雞

菜等,還有鹹水雞本身,都是可以吃的食材,只要在醬料部分跟老闆說不要另外加香油,加蔥、蒜、辣椒就好。

夜市可以吃關東煮攤,選擇跟超商關東煮一樣,以清湯類為主,盡量選擇天然食材,像菇類、白蘿蔔、高麗菜捲,都是非常OK的。

一般潤餅裡會加入大量的蔬菜、豆乾、偏瘦的紅燒肉等,只要跟老闆說不要蛋酥,不加糖粉或減半,也是一道可以吃的夜市小吃喔。

還有像夜市的煮玉米、花生、菱角,也都是可以吃的好食材。

冬天時,選擇優良店家煮的麻油雞,也是很不錯的原型食材(不過麻油熱量還是較高,不要常吃喔)。

80分外食減肥哲學

　　就我自己的親身經驗，想透過外食達到減脂又兼顧營養的目的，實在是比較困難，選擇變得很有限，如果你行有餘力，盡量自己做，效果會最好；但如果你只能當外食族，也不用太沮喪，只要我們做到「相對好」就可以了，要事事要求100分，也太讓人焦慮了，我們只要能做到80分，就該幫自己鼓掌。

　　畢竟，減肥是一場長期抗戰，不是一天決勝負，如果你每天都能做到80分，達成目標的時間或許會比做到100分久些，但最終還是會達陣的！

外食餐（白飯換成五穀飯，高麗菜絲大量吃）

有吃有還，再吃不難

我曾經在上節目時，聽到一個太太說她爲了保持身材，已經十幾年沒吃過晚餐了；也曾聽粉絲說過，因爲想減肥，長期處於半飢餓狀態，平日三餐都沒好好吃了，更不要說是跟親友聚餐，大家相邀吃麻辣鍋、麻油雞或buffet，都只能忍痛婉拒，爲了抗拒誘惑，甚至連慶生、同學會、喜酒都不敢參加。

每次聽到這種辛酸故事，我都忍不住爲這些因爲減肥而受苦的朋友們感到心疼。

其實，減肥眞的不用那麼痛苦，爲了減肥而失去跟家人共餐的快樂、失去所有社交生活，眞的很可惜。家人與朋友是我們人生中最寶貴的禮物，若瘦下來卻與他們變得疏遠，實在是得不償失，減肥應該是一個讓我們人生更美好的手段，而不是剝奪我們人生美好事物的罪刑。

想要減肥，根本無須犧牲天倫或社交，只是切勿太過頻繁，輕食類偶一爲之無傷大雅，但三不五時就大快朵頤，恐怕會讓你永遠也無法達成減肥目標。

根據體脂肪決定吃大餐的頻率

至於多久能吃一次大餐呢？這因人而異，我提供以下建議給各位參考：

1. 體脂肪30～40%以上的朋友，以及剛開始實施減重計畫的朋友，最好三個月吃一次就好，尤其是剛開始減重的朋友，三個月內絕對不能大吃大喝，很容易前功盡棄！
2. 體脂肪20～30%的朋友，忍耐點，一個月吃一次。
3. 體脂肪10～20%的朋友，基本上二個星期就可以吃一次。
4. 體脂肪10%以下的朋友，恭喜你，你自由了，你什麼時候想吃都可以！

基本上，體脂肪10%以下大概有兩種人，一種是怎麼吃都吃不胖的瘦子，在他人生中，從來沒有「肥胖」這種困擾；另一種則是肌肉量超多的壯男，不管吃什麼都很容易被消耗代謝掉，也不用擔心。

如果你在減肥期間實在無法克制口腹之欲，無論如何就是要豁出去吃大餐，那你就吃吧！只是要有「承擔後果」的心理準備。

但我仍希望你冷靜想一想，暫時的忍耐，是為了換得將來「吃的自由」，當你透過飲食與運動，把身體調整成「少脂多肌」的易瘦體質時，自然就不用處處忌口了。

降低聚餐對減肥的破壞力

我衷心建議正在減肥期間的朋友，特別是超重很多的朋友，還是要對「吃大餐」保持高度警覺，如果你無法拒絕飯局，就要設法降低聚餐對減肥計畫的破壞力。至於要怎麼做，我有一些心得可以跟你們分享：

1. 慎選時段：中午比晚上好

晚餐因為吃的時間比較晚，加上晚上代謝較差，這時吃進過多的熱量比較容易被儲存起來，如果可能，可以跟朋友商量，盡量把聚餐時間安排在中午，這樣中午到晚上還有很多時間可以消耗吃大餐的熱量，就降低發胖風險。

2. 不要在飢餓的情況下聚餐

有些朋友會因為午餐或晚餐有聚餐，之前就乾脆跳過不吃，但我完全不鼓勵這樣。你可以選擇吃少一點，但該吃的正餐還是要照常吃。

因為人體在飢餓時，就會本能地想要囤積更多熱量，當人處於飢餓狀態時，對食物就會變得很難控制，特別是對那些高熱量的食物，會產生非常旺盛的欲望，你在聚餐前把自己餓得半死，只是讓你更容易在大餐面前理智斷線，難以自制地海嗑一堆高油、高甜、高鹹又高熱量的食物，讓你前功盡棄。

有粉絲選擇在聚餐前吃一點生菜沙拉，水果或低熱量的食物，讓自己有點飽足感，減少食欲，以免聚餐時攝取過多熱量，這就是比較聰明的作法。

3. 遵守「纖維→蛋白質→澱粉」的進食順序

大家聚餐經常會選擇「吃到飽」的餐廳，在這類餐廳吃飯，請遵守先吃高纖的蔬菜，再吃蛋白質，最後再吃飯、麵等碳水化合物的進食順序，這樣就可以避免吃下太多熱量高的食物。

當然，我指的先吃大量蔬菜，是指湯煮（例如一般湯底的火鍋）的方式或生菜沙拉，如果是油炸的蔬菜天婦羅，或是泡在麻辣鍋底裡吸滿紅油的蔬菜，還是會讓你發福的。

請記住，吃到飽餐廳雖標榜「all you can eat」，但那並不意味「all you need to eat」，你不用每一樣都非吃到不可，還是盡量避免地雷食物，像是炸物、炒飯、甜點、碳酸飲料、冰淇淋等，若真的很想吃甜點，或許可以選擇跟朋友分享，吃一點點解癮，而不要每種都拿一個自己全包。

4. 吃慢一點，練習吃七八分飽就好

以前，我跟朋友聚餐，都是吃到撐、吃到脹為止，但這種吃法不但對減肥不利，也造成很大的身體負擔，每次吃完，總覺得食物都滿到喉嚨了，通常要不舒服個大半天才會緩解，這不是給自己增肥添油又找罪受嗎？

我後來就開始練習，多跟朋友聊天，放慢進食速度，讓自己慢慢每口

咬20～30下，每餐吃至少10分鐘以上，不要一直沒完沒了的吃，畢竟來聚餐的目的是爲了連絡感情呀。此外，我也提醒自己，吃到七八分飽就要適可而止，意猶未盡的美食才是享受，吃到噁心吃不下就沒有享受美食的FU了。

5. 了解餐盤中食物的熱量

聚餐前，不妨上網查一下你及將要吃的食物熱量表，不要抱著「吃這個應該也還好吧」的鴕鳥心態瞎吃。

如果可以，建議你可以把食物熱量換算成大致的運動量，比如說，一小杯太妃糖冰淇淋的熱量是274大卡、一小片起司蛋糕的熱量是320大卡，每100大卡大概要跑10分鐘才消耗得掉，這樣每一份都差不多要跑步半小時才能消耗掉，如果你能清楚意識到所需付出的「代價」有多大，應該就會冷靜一點，比較不會爲了「撈本」或口腹之欲而連吃五杯高價冰淇淋，或是放縱自己吃下一大盤甜點。

6. 吃多少，就該償還多少

聚餐的終極原則跟借錢有點像，即使是我現在的體態，但如果當天有安排聚餐，我還是會增加運動量，以消耗這平白多出來的熱量，如果你沒有把握可以抵銷，就只能提醒自己別揹太多「債」。

減肥不需要犧牲社交，但是，請記住一個鐵律：「有吃有還，再吃不難！」

減肥可以吃鹹酥雞嗎？

關於這個問題，標準答案應該是「不」，這還用問嗎？從常識來判斷就知道，鹹酥雞絕對是減肥大敵嘛！

我的答案卻是：可以。

很意外是嗎？這就好像是有人問我：「給小孩子吃零食好嗎？」按理說，答案應該也是「不好」，但我很誠實地說，我還是有讓李小妹吃零食。翻開零食包裝，食品添加物一大堆，我難道不知道零食並不健康嗎？那為什麼還讓心愛的女兒吃呢？

因為，我覺得要完全禁絕欲望是很違反人性的，不是每個人都有鋼鐵意志，完全禁絕欲望，壓抑到最後，欲望可能會全面反撲，一發不可收拾，那更不好。而且，吃零食對小孩子來說，也是童年回憶的一部分，我不想完全剝奪。

同樣的道理，我當然知道鹹酥雞不是好東西，不但熱量奇高無比，還是用不理想的油來炸的，但是，我知道很多人都很喜歡吃鹹酥雞，我自己也不例外，若要我們因為減肥，人生就從此徹底遠離鹹酥雞，似乎也有點遺憾。

我認為，重點不在於「能不能吃」，而在於「份量與頻率」。我「偶爾」會給李小妹吃零食，但絕不是無限量供應，只是讓她偶爾享受一點吃糖吃餅的小樂趣，我們平常的飲食算是蠻健康的，偶爾一點點的零食，不會摧毀李小妹的健康。同樣的，如果你能遵守我所說的飲食大原則：大量的纖維、足夠的優質蛋白質與優質澱粉、適量的好油、大量的水，而且還有搭配運動，偶爾吃一次鹹酥雞，也不會讓你暴肥。

什麼樣的頻率叫做「偶爾」呢？我的建議是：一週絕對不要超過一次。此外，在點餐時，最好能遵守「5不原則」：

1. 不加九層塔！
2. 不點炸蔬菜！
3. 不另外加醬！
4. 不加梅粉！
5. 不吃澱粉類！

　　第1不跟第2不的理由是：九層塔跟蔬菜只要炸過，就會吸收大量油脂，吃了包肥；第3不跟第4不，則是因為老闆另調的醬或梅粉都含有額外的熱量，肥上加肥。至於第5不，豬血糕、芋粿巧、糯米腸、蘿蔔糕這些東西本身就熱量不低，又是精緻澱粉，即使是炸地瓜或炸馬鈴薯，也都超吸油，比吃純粹的炸雞塊危險多了。

　　相對安全的選擇是：不帶皮的雞肉、雞軟骨跟海鮮（例如魷魚腳跟柳葉魚），當然，裹粉愈多熱量愈高，請盡量挑選裹粉薄一點的攤子，除非是裹粉很多，否則一份50元以內的鹹酥雞的熱量應該不會超過300大卡（肉含量約100～120克，如右上圖）。如果你實在不知道安全份量，以台灣鹹酥雞的「行情」來說，就請你控制在80元以內，如果你家附近物價比一般低，那就請你控制在60～70元以內。

　　吃的時間點也很重要，愈晚吃愈容易變成你的肥肉，最好是能在晚上七點以前吃，或許你可以把那份鹹酥雞當成當天晚餐的主菜，再另外搭配大量燙青菜（當然不能再加油蔥之類的醬料），就是兼顧口腹之欲跟營養的一餐。

　　但我一定要再次強調：你只能在健康飲食的前提下，偶爾打打牙祭，若常常這樣吃，要瘦下來恐怕很困難，對健康的負擔也大。另外，吃完也別忘記要多運動哦！

Part2
實作篇

掌握小訣竅，下廚一點都不難

七大低卡料理方式

在做料理之前，我們得先對料理方式有基本的認知。

以往我們聽到減脂料理，都會覺得：減脂不就是水煮嗎？

確實，如果以減脂來說，吃水煮餐會很快獲得效果，因為水煮餐可以避免很多錯誤的料理方式跟不好的油，還有多餘的鹽分。

但其實，我覺得如果你不是有短期快速減重的需求，或者你只是偶爾替代一餐，我都不太推薦所謂水煮餐。

我先說一般水煮餐的優缺點。優點是，料理方式只有水煮，所以不需要額外的油脂，可降低些許熱量。而缺點則是：很多人誤以為，油脂是不必要的。其實脂肪是人體的三大營養素之一，也是人體製造跟維持荷爾蒙的關鍵之一，如果都不攝取油脂，長期下來很有可能造成荷爾蒙失調。事實上，人體是需要脂肪的，但我們需要的是好脂肪，什麼是好的脂肪？就是未氫化、未氧化的脂肪。

以往很多人認為飽和脂肪不好，其實飽和脂肪也有它的優點，就是油質很穩定，耐高溫，不易氧化，很適合用來做料理，只要在飲食中再多攝取Omega-3，就可以平衡飽和脂肪過多的風險。

不過在一休的料理方式裡，你完全不用擔心飽和脂肪攝取過多的問題，任何食材，只要適量攝取都很好。

另一個觀念就是，食物再營養，也不用過量攝取，就像維他命，雖然每個人都需要，但若你攝取超過人體所需的量，一是有可能造成負擔，二是吸收不了的，身體也是要排掉。

接著我要跟大家講，其實減肥根本不用那麼痛苦，我自己吃過水煮餐一個月就快崩潰了，之後反而物極必反，狂吃炸的、鹹的、甜的。

只要使用對的調理方式，再搭配對的料理方法和對的食材，其實一樣可以吃得很健康，享瘦又減脂。

接下來就跟大家分享一休減脂餐裡的七大料理方式：

一、水煮

各位一定要說，啊一休你剛才不是說不要水煮，怎麼第一就介紹水煮？聽我慢慢道來：

我說的不要水煮，是不要所有料理都用水煮，而是在對的方式上使用水煮，例如青菜，就是非常適合水煮的料理。

再來即使水煮後，我們還是可以聰明巧妙的使用一些辛香調味料，讓食物變得好吃又健康。而且水煮有一個好處，就是清洗料理器具時很方便。

一休的減重計畫裡，幾乎所有青菜都是透過水煮的方式烹調，因為水煮的方式可以吃到蔬菜的原味，而且很快就可以煮好，不用煮太久也不會破壞營養價值，不是一定要用大量的油炒青菜才可以很好吃。所以水煮料理還是有其優勢，只是我們要把它當成數種減脂的料理方式之一，而不是唯一。

二、煎

這也是一休常用的料理方式，最大的好處，就是可以讓料理的美味倍增，因為蛋白質只要受熱超過一定溫度，就會產生梅納反應，而梅納反應就是料理美味的來源。

大家可以想像一下，一塊用水煮得白白的鯛魚肉片，跟一塊用平底鍋煎得金黃又香脆的鯛魚肉片，哪一種比較好吃？

如果我告訴你，不必一定要吃水煮的鯛魚片或雞胸肉，而是吃煎得金黃香嫩的鯛魚肉片也可以健康減重，你要選擇哪一種？（而且兩者熱量不會差太多。）

聰明的你應該知道了吧！

基本上我最推薦的方式，絕對會有煎的，蛋白質特別適合用煎的方式，選對肉的部位，煎魚肉、雞肉、豬肉、牛肉都很適合。選一個好的平底不沾鍋，不需過多的油脂，就可以讓料理很美味，而且因為我們選的都是健康又耐高溫的好油，同時也補充了好油脂。

三、蒸

電鍋應該是家家必備的料理器具之一，蒸的料理方式，也會是一休的減脂餐裡常出現的方式。

蒸跟水煮有點像，都是利用水或水蒸氣，來達到烹調食物的目的，不過蒸比起水煮的比起來，有一個好處是更能保持食物的原味，因為不需透過水的烹煮，也不會讓食物的美味成分跑到水裡。

再來也有一個很重要的好處，就是我們在煮飯時，如果善用不同的料理方式，就可以一次烹調好幾種不同食物，讓你在很短的時間內準備好健康的減脂料理。例如蒸蝦、蒸魚、電鍋燉湯，都是很不錯的料理方式。

四、烤

接下來就是烤了，一般人家裡都會有小烤箱，你的小烤箱只用來烤過吐司嗎？

其實烤跟煎的原理有點像，都是利用熱能讓食物能產生梅納反應，來達到烹調食物的目的。

烤的方式除了做牛排之類的料理，一休還有一道私房烤箱版鹹酥雞，不需要用炸的，也能吃到像外面鹹酥雞一樣好吃的雞肉，而且還完全不會有劣油，也沒有油耗味。

如果你準備一餐裡有蒸跟烤，就可以放進烤箱不用管它，也有很多時間可以做別的事。

五、炒

炒，幾乎是所有煮過菜的人都一定會碰到的料理方式之一，一般外面的熱炒或家常菜，幾乎都是炒的。

炒的料理其實也很適合用在減脂料理中，一休的減脂料理也有很多道都是用炒的方式。一般傳統炒菜較大的問題是大都用很多油，因為外面用的油比較不好，又經過大火快炒，很容易讓油脂氧化。

一休的減脂料理中，則是推薦大家可以使用炒鍋型的不沾鍋來料理，一樣可以達到炒的效果，但卻又不需要那麼多油脂。

例如我自己很愛吃炒飯，但一般外面的炒飯都很油，用的油也不好，所以我就研發了用糙米來炒飯，跟外面的炒飯比起來完全不遜色，而且一樣又香又好吃，所以大家也可以準備一個炒鍋型的不沾鍋喔～

六、滷

聽到滷，感覺都是重油、重鹹、重甜，減肥也可以吃滷的嗎？

其實是可以的，雖然滷不是最佳的料理方式，卻是可以準備常備菜很好的方式之一。一休跟大家分享的滷製料理，不像大家想的那麼複雜，也完全不需要加糖，就能滷出很好吃的食物。例如滷雞腿、滷豬腱子肉、滷牛腱、豆乾、滷蛋等，準備一些滷製的料理，就可以讓減脂時的食物更多元又方便。

七、涼拌

涼拌菜也是準備常備菜的料理方式之一。準備一些涼拌的常備菜，就算比較忙時，也能快速的搭配一餐。

一休的減脂原則，就是好的食物多吃一點，NG的食物當然也能吃，我們就適量吃或少吃一點。即使做不到100分，能做到80分也很好。

　　有沒有覺得很豐盛？原來減肥減脂還可以有那麼多的料理方式，一休常說，健康的飲食習慣是要維持一輩子，為什麼很多人瘦下來後又很快復胖，大部分都是因為用了太極端的方式。既然是極端，自然無法持久，甚至很容易瘦下來後又恢復暴飲暴食的方式（我自己以前就是這樣）。所以只要一恢復以前的飲食方式，就很容易反彈回來。

　　以上就是在一休的減脂餐裡主要出現的七大料理方式。不要再覺得減重就是只能吃水煮餐了，用對方式，選對食物，減脂也可以健康又好吃喔～

減重食材介紹及熱量表

在介紹完料理方式後,接下來我們就要來選擇食材。

一休的減脂大原則,你只要能學會這兩項,幾乎就不用擔心瘦不下來的問題,從此減肥就再也不會是令人痛苦難耐的過程。

選對食材,你已經成功七成了。在一休的減脂理念裡,只要每一餐都滿足以下條件,就可以達到吃好食材又控制熱量的目的:

1. 大量的纖維質
2. 足夠的蛋白質
3. 好的碳水化合物
4. 適量的好油
5. 足夠的水分

前面介紹過飲食的大原則跟營養素,接下來我們就來看看,這幾大營養素的食材要怎麼挑選,以及卡路里比較表。

一、大量的纖維質

我們之前提到，在減重中，最需要也鼓勵大量食用、而且不限量的，就是纖維質，舉凡蔬菜類都可以算是纖維質。

人體的胰島素分泌，很大程度取決於體內血糖上升的速度跟濃度，而**纖維質跟其他食物一起食用時，可以減緩體內血糖上升的速度**，進而達到胰島素不過量分泌的目的。

再來纖維質裡含有大量植物化維生素，可以補充很多營養素。還有一個優點，就是纖維質不但非常有飽足感，而且還幾乎無熱量。

這邊要注意的是，根莖類比較偏碳水化合物，不能歸類為蔬菜。比如牛蒡，就含有比較多碳水化合物，蘿蔔也是，還有像南瓜、地瓜、馬鈴薯、芋頭，我們都會歸類在碳水化合物，要注意一下。

從表格中可以看到，大部分的蔬菜，100克的熱量都介於20~40大卡之間，熱量微乎其微，卻有很大的營養價值，所以基本上大量攝取都不用擔心熱量問題，又能夠健康和很有飽足感，好處多多。

食物名稱	熱量 (kcal)	水分 (g)	蛋白質 (g)	脂肪 (g)	碳水化合物 (g)	膳食纖維 (g)	鈉 (mg)
竹筍	22	93	2.1	0.2	3.8	2.3	1
筍茸	23	65.1	1.9	0.3	4.7	4	45
苜蓿芽	21	93.1	3.7	0.3	2.3	2	35
茭白筍	22	93.5	1.5	0.2	4.3	21	10
球莖甘藍	23	93.5	1.7	0.5	3.6	1.3	16
黃豆芽	37	88	7.1	0.7	3.3	3	6
綠豆芽	33	90.6	3.1	0.5	5.4	1.7	34
綠蘆筍	25	92.9	0.3	0.1	5.9	1.8	15
薑	20	94.3	0.7	0.2	4.2	2	14
蘆筍	27	92	2.3	0.2	4.9	1.9	6

食物名稱	熱量 （kcal）	水分 （g）	蛋白質 （g）	脂肪 （g）	碳水化合物 （g）	膳食纖維 （g）	鈉 （mg）
韭菜	27	92.2	2	0.6	4.3	2.4	4
韭菜黃	17	95	1.4	0.2	3	1.7	6
洋蔥	41	89.1	1	0.4	9	1.6	0
青蔥	28	92.2	1.5	0.3	5.5	2.6	5
青蒜	36	89.5	2.8	0.4	6.5	3.5	6
小白菜	13	95.7	1	0.3	2.1	1.8	40
九層塔	28	91	3	0.5	4.1	3.4	2
山東白菜	15	95.6	1.6	0.4	2	1.3	44
川七	12	93.6	1.6	0.4	1.2	1.7	26
甘藍	23	93.5	1.2	0.3	4.4	1.3	17
高麗菜	23	93.5	1.2	0.3	4.4	1.3	17
冷凍高麗菜	35	93.9	1.3	0.1	0	2.3	21
甘薯菜	30	91	3.3	0.6	4.1	3.1	21
包心白菜	12	96.2	1.1	0.2	1.8	0.9	15
芹菜	17	94.7	0.9	0.3	3.1	1.6	71
芥菜	19	94.6	0.8	0.5	3.4	1.6	35
芥藍	26	92	2.4	0.5	3.9	1.9	55
莧薹	28	91	2.5	0.4	4.6	2.5	29
空心菜	24	92.8	1.4	0.4	4.3	2.1	52
油菜	14	95.4	1.5	0.4	1.9	1.3	59
青江菜	16	94.8	1.7	0.3	2.2	2.1	37
美國芹菜	13	96	0.4	0.2	2.6	1	100
茼蒿	16	95	1.8	0.5	1.7	1.6	53
香芫荽	23	93	2.4	0.2	3.9	2.2	74
紅鳳菜	25	92.6	1.9	0.6	3.7	3.1	24
皇冠菜	40	88.4	3.1	0.5	7.2	2.6	49
紅莧菜	22	92	3	0.3	3	2.6	14
莧菜	18	93.9	2.2	0.6	1.9	2.2	25
菠菜	22	93	2.1	0.5	3	2.4	54
紫甘藍	28	92	1.4	0.3	5.7	2.2	18
萵苣	11	96.9	0.6	0.3	1.9	0.8	12
萵苣葉	16	95	1.7	0.4	2.1	1.7	49

食物名稱	熱量 （kcal）	水分 （g）	蛋白質 （g）	脂肪 （g）	碳水化合物 （g）	膳食纖維 （g）	鈉 （mg）
龍鬚菜	17	94	3	0.2	2	1.9	9
花椰菜	23	93	2	0.1	4.2	2.2	17
冷凍花椰菜	21	93.8	1.3	0.1	4.5	3.2	33
青花菜	31	90	4.3	0.2	4.6	2.7	21
冷凍青花菜	28	91.6	3	0.3	4.4	2.6	7
韭菜花	28	92	2	0.3	5.2	2.3	7
金針菜	32	91	1.8	0.4	6.2	2.5	3
絲瓜花	31	90	3.9	0.3	4.8	3.1	6
油菜花	31	91.1	3.2	0.9	4	2.3	21
冬瓜	13	96.4	0.5	0.2	2.6	1.1	5
玉米筍	27	92	2	0.2	5.3	2.4	2
苦瓜	18	94.7	0.8	0.2	3.7	1.9	11
茄子	25	93	1.3	0.4	4.7	2.3	4
胡瓜	17	95.2	0.9	0.2	3.4	0.9	8
甜椒	25	93.1	0.8	0.2	5.5	2.2	11
絲瓜	17	95.2	1	0.2	3.4	0.6	0
葫蘆瓜	20	94.8	0.5	0.3	4.1	1.3	0
蒲瓜	18	95	0.4	0.1	4.2	1.2	3
辣椒	61	83	2.2	0.2	13.7	6.8	36
雪裡紅	20	94	1.5	0.2	3.8	1.9	19
榨菜	28	87	1.5	0.5	5.2	3.5	2167
蕃茄	26	92.9	0.9	0.2	5.5	1.2	9
山芹菜	27	92.6	2.8	2.2	0.4	1.7	26
山藥	73	82.1	1.9	2.2	12.8	1	9
白鳳菜	27	91.5	2	0.4	4.8	3.3	28
高麗菜芽	33	91	2.2	1	5	0.7	18
翠玉白菜芽	120	69.1	1.5	0.9	27.9	0.7	27
薄荷	55	83.4	3.1	0.6	10.9	7.5	14
蕗蕎	10	90.6	0.5	0.2	1.9	1.8	2586
藤三七	29	92.4	2	1.3	3.3	1.2	37
蘆薈	4	99.1	0.1	0.4	0.2	1.4	18

二、蛋白質

記不記得一休說過，蛋白質對於身體來說，就像是蓋大樓用的水泥，如果你只有鋼筋，但沒有水泥，房子也是蓋不起來的。

蛋白質是建構身體肌肉最重要的原料，如果你運動、控制飲食，卻忽略了蛋白質的攝取，不但很有可能肌肉根本長不出來，而且還會事倍功半，效果不足。

因為每個人的身體組成不同，例如男女、身高、體重、活動量等的差異，需要攝取的蛋白質量都會略不相同。在此提供一個方向：一般成年人為了維持良好的生理機能，不論有沒有在運動，每天都應至少補充每公斤體重×0.8克～1克左右的蛋白質。

以60公斤的成年人來說，建議一天補充至少42克至60克的蛋白質（以100克雞胸20克蛋白質來算，約是200～300克雞胸肉）。再根據國際運動營養協會的建議，如果是有氧類型的耐力運動，1公斤體重建議攝取1～1.6克左右蛋白質，一樣以60公斤成年人來說，如果他有跑步那天，或一個星期有固定跑步4～5次的，就是一天補充約60～96克左右蛋白質（約是300～400克雞胸肉）。

如果以重量訓練為主的運動人士，有增肌需求的，則建議1公斤體重攝取1.5～2克左右蛋白質，一樣以60公斤成年人來說，就是有重訓練天約需補充90～120克左右蛋白質（約是400～600克雞胸肉）。

基本上，蛋白質的補充會取決於你的運動類型，所以有這個概念後，就可以依照你當天做了什麼運動，來調整自己當天應攝取的蛋白質總量。

那什麼時候補充最好呢？

一般最好的蛋白質補充時機，是在運動的30到40分鐘內，也就是運動完馬上補充，這時吸收的營養成分會有效率的被身體所吸收利用。

那超過時間再補充也有用嗎？

其實是有用的，大方向還是先看你一天蛋白質的總量攝取，再來才是看時間是不是最好，即使不是在運動後30分鐘補充，運動後2小時補充，甚至整天的量只要補充足夠，也還是有用的。

聽說一餐只能吸收20～30克蛋白質，是真的嗎？

基本上因為每個人的身高體重、運動類型、肌肉量、年紀等差異，可以吸收跟需要補充的量一定不同。所以一餐只能吸收20～30克，多吃沒有用，對於有運動的人或肌肉量多的人是不太適用的。

這個概念是提醒你不要過量攝取，因為蛋白質在代謝消化的過程會產生氨，造成肝、腎的負擔。如果本來腎臟功能不佳，或腎功能退化的長輩，都要比較小心。

但如果以一天分次來看，一般人不是肌肉量很大或體重很重的人，需要攝取的蛋白質量都不至於太大，一餐約25～30克的蛋白質攝取，確實也有道理。

接下來就來看看，我們可以怎麼選擇蛋白質。

雞肉類

　　我們最常吃到的雞肉類，大部分是雞胸跟雞腿，去皮的雞胸肉是蛋白質含量最豐富、脂肪也最少的，但相對因為沒有脂肪，料理不當時就難免會有比較乾澀或太硬的問題，不過別擔心，一休會教你如何煮出超水嫩好吃的雞胸肉。

　　除了雞胸肉，雞腿肉也是很好的蛋白質來源，大部分來自食物本身天然的脂肪，都是不錯的脂肪來源，例如雞皮雖然是飽和脂肪，對身體來說也是相對穩定的脂肪，適量攝取都是很OK的，我自己現在是比較不會去皮（除非炸的），不然烤雞皮我是會吃的。

　　至於雞翅就會比較不適合，因為雞翅脂肪比較多，肉比較少，除非你去皮吃，或者吃翅小腿的部位，不然一般雞胸跟雞腿就是很好的選擇。以下也列出雞肉各部位的熱量，大家可以了解一下每個部位蛋白質、脂肪跟熱量的差異。

食物名稱	熱量 (kcal)	水分 (g)	蛋白質 (g)	脂肪 (g)	碳水化合物 (g)	膳食纖維 (g)	鈉 (mg)
里肌肉（肉雞）	102	76.7	23	0.4	0	-	57
雞胸肉（肉雞去皮）	104	77	22.4	0.9	0	-	49
二節翅（肉雞）	227	66.5	16.8	17.2	0	-	125
三節翅（肉雞）	224	67.6	18.4	16.1	0	-	99
棒棒腿（肉雞）	141	73.7	18.4	6.9	0.2	-	118
清腿（肉雞）	143	73.8	18.5	7.1	0	-	117
雞爪	205	65.7	22	12.3	0	-	86
雞心	213	70.7	14.9	16.6	0	-	92
雞肝	120	74.2	18.4	4.6	1.6	-	92
雞胗	107	78.3	18.2	3.3	0	-	74
火雞	141	72.3	21.1	5.6	0	-	51

豬肉類

很多人以為減肥只能吃雞肉，其實是錯誤觀念，因為重要的是食材的部位，豬肉雖然有肥的部位，但也有瘦的部位，例如豬腰肉、豬里肌、豬腱子，都是豬肉裡偏瘦的部位。

就算是較肥的部位，不是天天吃，偶一為之的吃也是無妨的，一休一直覺得，減重的料理方式要多元才不會無聊，也才能吃得長久。所以豬肉也是很棒的減脂食材之一喔！

從下頁表格我們可以看到，五花肉跟梅花肉，100克都是接近400大卡，確實是熱量較高，所以我們就偶爾吃。

豬大里肌（就是一般的排骨肉）100克熱量約187大卡，雖然不是最低熱量，但因為脂肪比豬小里肌（就是豬腰肉）豐富，所以相對也比較好吃，也是一休的減脂餐裡很常出現的食材。

另外像豬頰肉、豬腱肉、豬前後腿的瘦肉，甚至豬心、豬肝，都是熱量不高、蛋白質也頗豐富的食材，所以如果到了麵攤，點這些汆燙的食材，也是很棒的選擇之一。

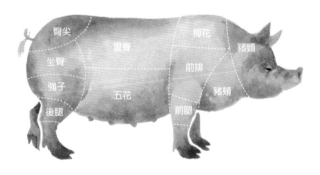

食物名稱	熱量 （kcal）	水分 （g）	蛋白質 （g）	脂肪 （g）	碳水化合物 （g）	膳食纖維 （g）	鈉 （mg）
大里肌 （豬）	187	68	22.2	10.2	-	-	35
五花肉 （豬）	393	48.6	14.5	36.7	-	-	36
梅花肉 （豬）	341	53.4	15.2	30.6	0.1	-	59
豬舌肉	225	64.7	15.6	17.5	1.3	-	76
豬肝連	254	63.2	15.3	21	-	-	54
豬頰肉	140	71.9	19.5	6.3	1.4	-	54
豬腱	127	74.7	19.6	4.8	-	-	69
豬前腿肉	124	74.9	20	4.3	-	-	54
豬前腿瘦肉	115	75.6	20.1	3.2	-	-	48
豬後腿肉	117	75	19.6	3.7	0.6	-	58
豬後腿瘦肉	114	72.4	20.7	2.8	2.9	-	39
臘肉	381	36.6	26.3	30.9	-	-	3596
臘肉 （五花肉）	524	25.1	18.5	49.8	1.7	-	1539
臘肉 （後腿）	436	27.1	27.2	36.1	1.3	-	2843
豬蹄膀	331	54.5	17.1	28.6	-	-	50
豬腳	223	64.8	21.7	14.4	-	-	113
萬巒豬腳	251	58.6	28.4	15.4	-	-	187
豬心	125	75.7	16	6.3	0.9	-	97
豬舌	177	70.4	17.9	11.1	-	-	105
豬肝	119	71.8	21.7	2.9	2	-	74
豬肚	155	76.3	13.5	10.8	-	-	55
豬腎	64	85.3	11.3	1.8	0.8	-	80

牛肉類

　　牛肉跟豬肉的原則一樣，牛肉的部位有分瘦跟肥的，我們只要挑瘦的，就可以吃得很開心。

　　例如牛腱就是很好的食材，滷一鍋或買現成滷好的，分切裝袋後，隨時退冰拿出來吃，就是營養豐富的蛋白質來源。

　　另外像大家很愛吃的牛小排，或有些牛肉麵店家會用的牛腩，是熱量比較偏高的食材，不宜大量食用。一休推薦以牛腱、牛筋、牛肚跟牛菲力為主喔。

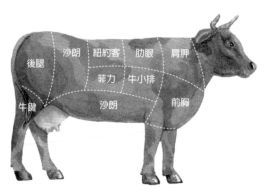

食物名稱	熱量 (kcal)	水分 (g)	蛋白質 (g)	脂肪 (g)	碳水化合物 (g)	膳食纖維 (g)	鈉 (mg)
牛小排	390	51	11.7	37.7	-	-	65
牛腱	123	75.6	20.4	4	-	-	95
牛腩	331	55.7	14.8	29.7	-	-	58
牛肉條	250	62.5	17.3	19.5	-	-	67
牛後腿股肉	153	70.4	20.6	7.2	0.7	-	48
牛腿肉	117	72.5	16.3	5.2	5	-	62
牛肚	109	77.9	20.4	2.4	-	-	46
牛肉乾	321	19.5	38	4.6	32.4	-	1537

海鮮類

　　海鮮類也是減脂時最好的食材之一，大部分的海鮮類幾乎都是低脂高蛋白，唯一比較耳熟能詳、高脂高蛋白的，就是鮭魚了。

　　但是再提醒一下，我們的身體需要好油，而來自鮭魚本身的脂肪，就是非常好的好油來源，鮭魚的脂肪含有豐富的Omega-3，是我很鼓勵大家多攝取的食材。另外像帶殼類的海鮮，例如蝦子就是很好的蛋白質來源。

　　現在最新的科學理論告訴大家，基本上正常人不用太擔心攝取膽固醇的問題。先不說膽固醇有分好壞，事實上大部分體內壞膽固醇過多，都跟攝取過多精緻的糖分比較有關係，而且攝取好膽固醇，還可以對降低壞膽固醇有幫助，另外膽固醇跟心臟病其實也沒有絕對關係。只要記住，什麼東西都是適量攝取，即使偶爾吃到不好的，也不用太擔心健康問題。

　　所以可以多攝取鮭魚、鯛魚或任何白肉魚，及帶殼的海鮮或蚵仔等，都是不錯的選擇。

食物名稱	熱量 (kcal)	水分 (g)	蛋白質 (g)	脂肪 (g)	碳水化合物 (g)	膳食纖維 (g)	鈉 (mg)
烏賊 (花枝)	51	85.7	10.9	0.3	1.1	-	66
大明蝦 (紅蝦)	93	75.3	22.1	0.2	0.6	-	207
草對蝦 (草蝦)	98	75.3	22	0.7	1	-	150
明蝦	83	77.9	19.3	0.2	1	-	196
蝦仁	51	86	12.1	0.3	-	-	643

食物名稱	熱量 (kcal)	水分 (g)	蛋白質 (g)	脂肪 (g)	碳水化合物 (g)	膳食纖維 (g)	鈉 (mg)
旭蟹 (蝦姑頭)	78	78.2	16.6	0.1	2.8	-	343
紅蟳	142	67.1	20.9	3.6	6.5	-	309
鮪魚片	94	76.1	23.3	0.1	-	-	27
小天狗削螺 (香螺富螺)	80	78	18.6	-	1.4	-	292
鳳螺 (風螺)	104	73.2	18.7	1.1	4.8	-	289
鯛魚	83	78.2	17.9	0.1	2.6	-	182
文蛤	69	81.8	11.4	0.7	4.3	-	469
文蜆	87	79.1	8.9	1.4	9.8	-	20
正牡蠣 (生蠔)	83	79.2	9.8	1.9	6.7	-	103
海蛤	25	91	4.4	0.2	1.5	-	774
章魚	61	84.6	13	0.6	0.9	-	230
小卷	74	80.8	16	0.4	1.6	-	249
鯖魚 (生)	417	45.2	14.4	39.4	0.2	-	56

蛋類

　　蛋可以說是超級食物之一，也是很方便攝取跟主要的蛋白質來源。基本上常備一些水煮蛋，是很方便補充蛋白質的一個選項。

　　蛋雖然含有膽固醇，不過是好膽固醇，而攝取好膽固醇對降低壞膽固醇其實是有幫助的。蛋的好膽固醇大部分都在蛋黃裡，所以我們鼓勵大家可以多攝取全蛋，不要只吃蛋白不吃蛋黃。

　　以下是100克的熱量表，但一顆雞蛋大都沒有100克，所以一休給大家一個簡易的計算方式，一顆雞蛋大約有70大卡，一顆全蛋大約含有7～9克的蛋白質不等。

食物名稱	熱量 (kcal)	水分 (g)	蛋白質 (g)	脂肪 (g)	碳水化合物 (g)	膳食纖維 (g)	鈉 (mg)
雞蛋	142	76.8	12.1	9.9	0.3	-	135
豐力蛋	134	76.8	12.7	9.1	0.7	-	148
土雞蛋	123	76.8	13	7.4	2	-	140
土雞皮蛋	122	76.1	13.1	6.8	2.2	-	611
水煮蛋	139	75.2	13.7	8.9	1.2	-	104
五香滷蛋	186	66.2	15.5	11.9	4.7	-	548
茶葉蛋	132	76	12.7	8.3	1.9	-	293
茶碗蒸	53	88.6	4.9	2.3	3.1	0.2	397
蒸蛋（芙蓉豆腐）	43	90.1	3.6	1.8	3.4		327

　　介紹到這裡，相信大家看完不會再覺得，減脂只能吃雞胸肉了吧？其實蛋白質的來源有非常多的選擇，大家可以有很多變化，而不用一直吃單一食物。

三、適量的好碳水化合物：

碳水化合物是人體主要的能量來源之一，因為吸收跟消化的速度都很快，所以是迅速補充熱量的一種方式。

但相對也有缺點，因為吸收太快，過多精緻、不需身體消化就快速吸收的碳水化合物，很容易造成血糖快速上升，進而刺激胰島素過度分泌，使得身體會優先以把能量合成脂肪的路線儲存起來。

大部分的食物都有蛋白質、脂肪跟碳水化合物三種營養素。有幾種食物，完全只有碳水化合物而缺少好的脂肪跟蛋白質，甚至還含有壞的脂肪。例如一般含糖飲料，XX果糖、砂糖類、零食類（例洋芋片），又或比較精緻的白麵條、白麵線或白米飯，因為都把原來較難消化的纖維質拿掉，使這些食物更好入口，反之也變得很容易使血糖快速升高。所以我們也不難想像，為什麼很多愛吃麵包或愛喝含糖飲料的朋友，幾乎都從小就有肥胖的問題。我們需要做的，就是避免精緻的碳水化合物跟額外添加在食物中的糖分，然後要攝取複雜的、好的碳水化合物。

什麼是好的碳水化合物？基本上就是不精緻的全穀類食物，例如糙米、全麥麵包（是真正全麥的硬麵包，不是只加麥麩的假全麥麵包），五穀根莖類也可以是碳水化合物來源。例如地瓜、馬鈴薯、芋頭、山藥、南瓜等，一般的五穀米、十穀米、黑米、粗製的燕麥也都可以。要注意的是，碳水化合物很重要，但畢竟還是容易使血糖升高，而且因為很容易攝取過多，熱量也通常較高，所以還是要適量攝取。

以糙米飯來說，一休都建議一餐攝取120～150克，約是一碗正常飯碗或多一點點的量。如果是外面便當店，提供的飯量大都會有280～300克，有些炒飯甚至高達400多克，很容易就攝取過量，所以如果是吃市

售的便當或炒飯，大約吃一半就好了，另外可以再準備一些燙青菜及蛋白質搭配。

以五穀根莖類來說，越硬越難消化的食物，相對GI值就比較低；越軟爛越好消化的，相對GI值就比較高（一休第一本書有介紹GI值的觀念，這裡就不再多講）。總之我們只要記得，多攝取低GI值的食物，會比較不易引起血糖快速升高就對了（當然也要是好食物，不要低GI但卻是壞食物也不好，例如市售巧克力也是低GI，卻不是好食物）。

所以以麵類來說，義大利麵就會比白麵好（因為通常較硬），五穀麵、全麥麵也是一樣道理。

以飯類來說，糙米飯最好。有些人不習慣一下轉換成糙米飯，也可以一半白飯一半糙米飯搭配吃。或者一樣是糙米飯，煮成稀飯變得軟爛，GI值也會變得比較高，所以粥可以吃，但不要長期大量的吃。

食物名稱	熱量 (kcal)	水分 (g)	蛋白質 (g)	脂肪 (g)	碳水化合物 (g)	膳食纖維 (g)	鈉 (mg)
地瓜	124	69.2	1	0.3	28.6	2.4	44
馬鈴薯	81	79.5	2.7	0.3	16.5	1.5	5
冷凍薯條	156	66.9	2.6	5.7	23.8	5.1	21
芋頭	128	68.9	2.5	1.1	26.4	2.3	5
南瓜	64	82.3	2.4	0.2	14.2	1.7	1
山藥	73	82.1	1.9	2.2	12.8	1	9
糙米	364	12.2	7.9	2.6	75.6	3.3	3
小麥	362	12.3	13.9	2.3	69.9	11.2	1
麥片	406	3.1	11	7.5	74.3	2.1	313
全麥土司	290	33.5	10.4	6.4	48.1	3.2	376
白米	353	14.3	7	0.6	77.7	0.2	4

米粉	357	9.7	0.4	0.3	88.7	1.9	224
燕麥片	393	10.1	12.3	9.7	64.1	4.7	3

其實這些五穀根莖類的熱量都差不多，但取決於精緻的程度，像南瓜、山藥、芋頭就相對低一些，因爲這些食材本身就有含水量。

大家要調整一下觀念，以前我們是吃飯配菜，現在是呷菜配飯，菜和蛋白質都可以多一點，反而澱粉的量要固定。

四、好的脂肪：

在減重時，很多人都對脂肪避之唯恐不及，但人體是需要脂肪的，而且需要好的脂肪，脂肪是人體製造跟維持荷爾蒙的關鍵之一，如果都不攝取油脂，長期下來很有可能造成荷爾蒙失調的問題。

而好的、穩定的、沒有氧化跟氫化的脂肪，還可以幫助我們體內抗氧化，不易發炎（反之如果攝取氧化、氫化的脂肪，就很容易造成發炎）。

脂肪的部分，我首推含有Omega-3跟Omega-9的脂肪。

植物油可以攝取：椰子油、橄欖油、苦茶油、亞麻仁籽油。

動物油可以攝取：奶油、豬油、雞油、牛油、魚油（可以盡量從天然食物中攝取）。

另外像堅果油，屬於多元不飽和脂肪酸，可以盡量直接吃無調味堅果就好（比較可以較低氧化的風險）。至於一般的大豆沙拉油，則要完全避免。

熱量方面，每一克的油都是9大卡。一般一餐我會鼓勵可以攝取15～30克的好油（依個人總熱量需求不同）。

五、豆類：

豆類其實也是很好的食物，大部分的豆類都同時含有碳水化合物、蛋白質、纖維質跟來自植物的好油脂。尤其如果是吃素的朋友，豆類、奶類跟蛋類就會是吃素朋友的主要食物之一。

生活中比較常見到的豆類就是豆腐類。豆腐也是我們很容易就可以攝取到的食物，一般含水量越多，熱量越低，但相對蛋白質的含量也會比較低。

例如嫩豆腐熱量最低，再來是傳統板豆腐，然後是豆乾、豆皮。熱量越高，蛋白質含量也越高。

這邊要注意：盡量不要選炸過的豆類，例如炸豆皮、炸油豆腐，因為這些食物都先油炸過，就容易吃進過多熱量跟不好的脂肪。

另外像紅豆、綠豆、黑豆、鷹嘴豆，其實都是不錯的豆類來源，只是有些人吃太多豆類會脹氣，請自己注意一下。

另外像毛豆也是不錯的小零食，我常在肚子餓時當點心補充。

食物名稱	熱量 (kcal)	水分 (g)	蛋白質 (g)	脂肪 (g)	碳水化合物 (g)	膳食纖維 (g)	鈉 (mg)
傳統豆腐	88	81.2	8.5	3.4	6	0.6	2
嫩豆腐	51	89.9	4.9	2.7	2	0.8	32
雞蛋豆腐	79	84.6	6.9	4.5	2.7	0.4	307
五香豆乾	191	61.3	19.3	9.7	7	2.2	445
干絲	169	65.8	18.3	8.6	4.8	2.6	549
豆腐皮	198	59.6	25.3	8.8	4.5	0.6	23
黑豆漿	39	90.7	1.1	0.6	7.4	0.1	21
毛豆	125	68.8	14	3.1	12.5	4.9	0
紅豆	332	12.6	22.4	0.6	61.3	12.3	3
綠豆	342	10.6	23.4	0.9	62.2	11.5	0

六、堅果類：

堅果類有點類似豆類，也是三大營養素都有，而且很特別的是含有非常好的油脂、多元不飽和脂肪酸。不過多元不飽和脂肪酸雖然好，但非常容易氧化，所以一般市售的萃取多元不飽和脂肪，其實氧化、酸化的風險比較大，但在堅果裡就非常容易保存。

堅果類有非常多種類，像核桃、杏仁、腰果、夏威夷果、榛果等。不過堅果雖然好，但相對因為脂肪含量高，熱量也高，如果你一個人抱著一桶堅果狂嗑，再好的食物也會肥死。

另外市售很多堅果都是調味過的，有的加了鹽，有的加了糖等，那些額外添加也都是不好的，如果真的怕沒味道，也建議選低鹽的。

一休非常推薦可以吃無調味堅果，或者搭配少量果乾一起吃也很不錯，每次大概攝取一小把份量，約10～20克就可以了。當成肚子餓時或運動完的點心、餐間的熱量補充，都是很好的選擇。

食物名稱	熱量 （kcal）	水分 （g）	蛋白質 （g）	脂肪 （g）	碳水化合物 （g）	膳食纖維 （g）	鈉 （mg）
核桃粒（生）	685	3.1	15.3	71.6	8.2	5.5	10
栗子（生）	186	53.4	3.5	0.6	41.5	6.3	2
無花果	361	11.5	3.6	4.3	77.8	13.3	10
開心果	653	1	21	55.2	19.2	7	431
南瓜子（白瓜子）	603	2.5	28.3	47.1	17.6	5.2	370
夏威夷火山豆	770	0.7	9.2	76.8	12.1	5.4	79
杏仁	884	5	-	100	-	-	-
榛果	628	-	15	61	17	10	-
腰果	553	-	18	44	30	3.3	12

七、調味料及辛香料：

終於要來到讓食物美味的關鍵之一，善用調味料和辛香料，可說是為我們的減脂料理畫龍點睛很重要的一環。

記不記得一休上一章說過，為什麼大部分所謂水煮的減脂餐令人難以忍受，雖然我們覺得可以吃到食材的原味很好，但長期吃無調味的東西，心裡很容易受不了，畢竟我們不是生活在深山的原始人，日常生活中還是需要調味來調劑一下，不管對身體或心靈都一樣。

只要選對辛香料，不但能讓你的減脂飲食更開心，而且還完全不會有負擔。

先介紹一般大家最常見的辛香料。首推就是買菜老闆都會送一把的蔥了，像一般傳統料理都會使用到的蔥、薑、蒜頭、辣椒等，其實也是我們減脂料理時很好的幫手。這些都是天然的食材，健康、好吃，而且能為食材添加許多美味。

例如即使只是一盤水煮的雞胸肉絲，如果淋上蔥、蒜、辣椒跟醬油所調製而成的沾醬，立馬美味倍增。

又或是很常見的水煮蛋，用特調的醬料泡過，立馬變成超級好吃的黃金溏心蛋。

除了一般熟知的蔥薑蒜外，像是海鹽、黑胡椒粉、白胡椒粉、辣椒粉，甚至辣椒醬，都可以適量使用，例如在煎得金黃酥脆的鯛魚片上撒一點海鹽、黑胡椒，是不是就變得超級好吃？

就像上好的牛肉，也是需要搭配一點鹽，更能吃出食材的美味。

而像燙青菜，很多人如果怕沒味道，也可以淋少許醬油膏，立刻就能為這盤青菜大大加分，而不會覺得自己只是在吃草。

因為調味料用的份量其實都不會很多，所以雖然有些調味料的鈉含量，每100公克好像看起來很高，問題是你可能只用了5克到10克而已，除下來其實你攝取的鈉含量根本就在標準值以內，重點是還會變得超級好吃。

所以各位不要怕辛香料和調味料，大膽的給它用下去。

食物名稱	熱量 (kcal)	水分 (g)	蛋白質 (g)	脂肪 (g)	碳水化合物 (g)	膳食纖維 (g)	鈉 (mg)
低鹽醬油	77	71.4	7.4	-	11.9	-	3508
無鹽醬油	56	71.7	6.5	-	7.6	-	3260
黑豆蔭油	128	58.2	8	-	24.2	-	3170
醬油	90	68.9	7.8	-	14.9	-	5084
薏仁醬油	83	65.5	9.3	-	11.5	-	4774
醬油膏	103	63.4	6.8	-	19	-	4050
醬油露	89	65.2	7.8	-	14.5	-	4911
蠔油	155	45.6	6.5	0.1	32.2	0.1	5847
香醋	15	94.7	-	-	0.7	-	103
烏醋	42	84.6	0.5	-	8.7	-	1571
素食烏醋	47	81.7	-	-	10.4	-	2131
八角	357	12.2	4.9	3.9	76.2	55.8	19
山葵粉	384	7.7	10.1	6.1	72.9	13.5	13
五香粉	384	8.2	8.7	8.9	68.1	49.6	98
甘草粉	361	7.8	9.2	3.6	73.4	40.1	109
白胡椒粉	337	10.6	3.7	1.1	78.8	26.3	120
黑胡椒粉	375	10.4	11.6	6.7	67.7	22.5	7
咖哩粉	414	5.9	13.9	14.1	58.5	36.4	552
油蔥酥	514	4.1	7.4	28.8	57.1	14.5	30
花椒粉	373	9.7	10	9.2	63.2	47.5	565

香蒜粉	362	5.2	18.1	0.4	71.9	16.6	74
辣椒粉	420	5.5	14.7	14.1	59.1	42.5	12
辣椒醬	90	68.4	2.3	3.8	11.8	5.1	5074
糖醋醬	130	65.4	1.9	2.6	25.1	0.5	1858
蕃茄醬	113	67.8	1.6	0.1	26.7	1.4	1116

　　介紹了這麼多，大家應該有個基本的概念了。

　　剛開始在準備食物時，你可能會搞不太懂。沒關係，一回生二回熟，你也不用全背下來（因為我根本也沒在背）。需要用到時，再來翻閱一下就好，你只要記住一個大原則，盡量選天然、原型的食材就對了。

常備菜採買

在準備開始做菜之前,一定會有人說,我就是沒時間煮飯啊,不然我早就瘦了。別說一休不給你機會,這篇教你準備常備菜的採買(這下沒有藉口了吧)。

一休覺得自己準備料理,是最可以獲得減重效果的方式,因為現階段要靠全外食來減重,有一定難度,雖然坊間有很多賣健康料理的店家,但考量成本因素,通常這樣一份餐點到手上的價格也都要150元左右,對於一般人來說確實也是有負擔的金額。

如果真的覺得自己時間比較不夠的,這時我們也可以利用一些現成的料理,來節省自己烹煮的時間。

接下來我就以市面上可以買到、適合減重吃的料理,來跟大家說明可以買什麼。

一、蛋白質類：

減重中最重要的就是蛋白質類，如果採取傳統的飲食模式（以碳水化合物為主），其實大部分人都沒有攝取足夠的蛋白質。

前面有講到蛋白質攝取量，這裡再複習一下。

基本上一個正常人至少以1公斤體重攝取1克為主，如果是有運動的人，則建議1公斤體重攝取1.5～2克。所以我會建議大家，如果不方便料理，可以在以下地方買到適合的蛋白質。

1. 美式賣場烤雞腿

雞腿是很好的蛋白質來源，如果無法自己料理，買現成的也是選項之一（但注意有些可能會加較多糖）。

美式賣場的烤雞腿是我覺得不錯的現成雞腿之一，便宜、不錯吃，調味不會過度甜。

一般我都會買一袋回來，等放涼後再用密封袋分裝，放進冰箱冷凍。要吃時只要前一天放冷藏退冰，或者直接蒸或烤都可以，只要再準備青菜，就是完整的一餐了。

2. 美式賣場或大賣場滷牛腱

牛腱也是好的蛋白質來源之一，100克的牛腱約有20克蛋白質。自己滷牛腱比較麻煩一點，尤其是料理新手，你一樣可以在美式賣場或大賣場買到現成滷好的牛腱，而且1公斤只要500元，1克約0.5元，跟買生的差不多，別人都還幫你滷好了。

買回來後是一整顆的，這時只要準備電子秤，把買回來的牛鍵切片後，再用電子秤秤適量的重量，我一般都是130~150克左右一包，這樣1包大約就有22~30克左右的蛋白質。

分裝好再放進冷凍，一樣要吃之前冷藏退冰直接吃，或者蒸一下就很好吃。

3. 超市的滷溏心蛋

蛋可以說是最便宜又好吃的蛋白質來源之一，我在食譜裡有教大家簡易煮水煮蛋的方式，但如果你真的不太會煮，買現成的也是很好的方式。

在大賣場或一般超市都有賣滷好的現成溏心蛋，一顆單價約15~17元，比自己煮貴一點，不過很方便的是每一顆都是真空包裝，冷藏約可以放二個星期，一顆蛋大約有6~8克的蛋白質（依大小不等）。

我也都會常備著溏心蛋在冰箱，如果運動完或來不及準備時，我就會吃1~2顆蛋補充蛋白質。

4. 翊家人滷排骨

豬里肌也是減重時很適合吃的食材，一般有些超市也都會賣現成醃好的，翊家人滷味是我自己家族經營的滷味。所以我自己也很常吃，這是提供大家一個選項，沒有說一定要買喔。

一般來說1片100克里肌約22大卡左右蛋白質，翊家人滷味的里肌都是醃好的，只要自己再煎或用烤箱烤就可以吃。

1片也大概都切成90~100克大小，放在冰箱常備著，想吃或沒買菜時，直接退冰煎或烤來吃也很方便。

5. 超市的滷牛筋、牛肚

牛筋跟牛肚都是熱量低、蛋白質豐富的食材，有些量販超市會有滷好的牛筋跟牛肚，因為這兩樣要自己料理超級困難（光是洗跟料理時間就要超久），所以建議大家也可以直接在超市買現成的。如果怕太鹹或醬料太多，回來可以先用熱水過一下，再分裝處理。一樣一份約130~150克左右分裝，這樣想吃時馬上蒸一下就很好吃了。

6. 茄汁鯖魚罐頭

雖然吃罐頭不是最優的選擇，但偶爾也可以當成是一個蛋白質來源。茄汁鯖魚罐頭在任何超市跟超商都買得到，只要直接開罐就可以吃。一樣如果怕太鹹或醬料太多，吃之前只要先用熱水燙一下就可以了。

7.豆漿

豆漿是非常好的植物性蛋白質來源。每100毫升熱量只有36大卡，有3.3克的蛋白質、1.6克的不飽和脂肪（好脂肪）、1.5克的膳食纖維。

平常喝300毫升的豆漿就可以補充到將近10克的蛋白質跟好脂肪，碳水化合物的比例也很低，是運動後跟肚子餓時非常好的補充食物。

二、蔬菜類

1.冷凍蔬菜

很多人以為冷凍蔬菜不好，其實某方面來說，冷凍蔬菜還比很多放到不新鮮的蔬菜來得營養，因為是在新鮮時即料理好冷凍的，算是很方便的蔬菜來源。

當然價格跟口感一定都沒有新鮮的蔬菜好，但對於比較沒時間或臨時家裡沒菜的人，冷凍蔬菜也是選項之一。

2.現成的泡菜

在減重食譜中，我會介紹好幾道泡菜料理，現成的泡菜也是一個很好的常備菜。

泡菜的熱量低，纖維質豐富，雖然鈉含量高了點，但因為我們不是一次吃100~200克，所以其實很適合當佐餐的蔬菜。

這在超市都買得到，注意不要買台式的黃金泡菜，那都加了非常多的油跟糖，要買韓式泡菜，在買時看營養成分表，盡量買100克糖分在10克以內的最好。

3.小黃瓜

小黃瓜也是非常好的常備食材，口感爽脆清甜，除了可以做成涼拌小黃瓜之外，直接整根小黃瓜沾味噌醬也是非常的清爽好吃，是想吃鹹又想吃東西時很好的健康小零嘴。

一休版 涼拌小黃瓜

準備的食材：

小黃瓜2~3根

鹽巴

醋

做法：

1. 把小黃瓜洗淨後切小塊（如果怕小黃瓜表面不好清洗，可用軟毛刷洗淨）。

2. 準備一個碗，把切塊的小黃瓜放入碗裡，再加入2~3匙鹽巴抓醃，之後靜置10~15分鐘。

3. 把抓好的的小黃瓜用清水洗淨（可試個味道，如覺得太鹹，可多清洗幾次），之後加入少量的醋調味即可食用（依個人口味可再加入蒜頭、辣椒、純芝麻油）。

這道小黃瓜清爽好吃，可以當成冰箱的常備菜，如果再加點韓式辣醬，立馬就會變身爲韓式涼拌小黃瓜，除了很適合當成配菜，也可以在嘴饞時解解饞喔～

三、碳水化合物

1.包裝好的糙米或五穀飯

日本跟韓國的超市都有很多真空包的盒裝飯，台灣現在也漸漸有了。

我都鼓勵減重中的人吃中GI值的糙米飯或五穀飯，如果怕有時來不及煮，買幾盒放在家裡也是選擇之一。

要注意的是，一般一盒真空包盒裝飯的飯量都在200克以上，但因為我建議的碳水化合物適量即可，一餐約攝取100~130克左右對大部分人來說都夠，所以如果你有買盒裝飯，注意算一下份量。

2.冰凍地瓜

地瓜是一個超級好食材，日本最長壽的沖繩老人，主要就是以地瓜為主食。

地瓜屬於好的碳水化合物，GI值約55左右，也富含膳食纖維。

每100克的地瓜熱量約85大卡，是可以替代主食的好選擇。

冰過的地瓜還會產生抗性澱粉，可以降低消化率，所以可以常備烤好的冷凍烤地瓜，要吃時放冰箱冷藏或常溫退冰就可以食用囉。

3.裸麥麵包

一直以來大家都對全麥麵包有誤解，以為一般在麵包店裡看到的那種全麥吐司，表面有一些麩皮的就算，事實上真正的全麥麵包，口感都偏硬，應該像下圖這樣。

這樣的全麥麵包屬於中GI值的食物，100克的熱量約250克，很適合當成早餐的碳水化合物，或運動後的碳水化合物來源。

4.水果

水果含有許多營養素，但也含有不少糖分，要注意攝取的份量、時機以及種類。
我的建議是：一餐食用水果的份量，不要超過一拳頭或一巴掌。種類方面，像芭
樂、奇異果、小番茄、火龍果、蘋果之類的低GI值水果，可吃稍微多一點（但也
不能太多），至於芒果、西瓜、荔枝、熟香蕉、香瓜、哈密瓜等糖分含量高的水
果，則要節制點吃。

在減肥期間，或許可以把水果當作餐與餐之間的點心來吃，比如說，下午四、五點
時吃一點，可以補充熱量與營養素，避免身體因為飢餓，之後攝取過量食物。

此外，要記住：不要把水果打成汁來喝。一杯柳丁汁可能要壓榨五到八顆柳丁，
只會讓你攝取過多糖分，又白白浪費掉那些對身體好且能增加飽足感的纖維。

只要挑對種類，水果是減重時當零嘴或早餐時當蔬菜的好選擇喔！挑選水果基本
上我們傾向優先選擇低GI＜55跟低GL＜10。

這邊列一些適合吃的水果給大家：

食物名稱	GI	GL	100克的熱量
櫻桃	22	2	46
葡萄柚	25	2	40
木瓜	25	2	29
草莓	29	2	30
火龍果	25	3	51
蘋果	36	4	54
柳丁	31	4	48
哈蜜瓜	56	4	34
奇異果	35	5	56
藍莓	34	5	57
水梨	36	4	50
芭樂	31	4	38
小蕃茄	38	6	35
橘子	42	5	40

以上都是平時可以常吃的水果，每次食用的份量大約一個拳頭大小或100克～150
克即可。

四、脂肪類

1.無調味堅果

堅果中除了蛋白質之外，主要成分是脂肪。每100克的堅果一般大約600多卡，堅果裡富含多種維生素、礦物質，其中最重要是堅果裡富含多元不飽和脂肪，這種脂肪因為只要一見光就容易氧化，直接從堅果裡攝取是最好的。

平常可以在餐間當點心補充，或者加在沙拉裡一起食用都很適合。

不過要注意一下，堅果因為熱量較高，怕有些人一吃就停不下來，建議每次大約吃20~30克左右就可以囉（杏仁、核桃、夏威夷豆跟巴西堅果都是非常好的堅果類）。

2.起士

起士是富含蛋白質跟好脂肪的食材，超市都有賣小包裝的起士塊、條狀或片狀的。只要觀察成分表，選擇只有水、牛奶、鹽跟乳酸菌的那種最好。

教大家一個很容易分辨的方法，天然的起士加熱後是會融化，但加工起士只會軟化。一般大家從小吃到大，早餐店裡加在漢堡那種大都是加工的起士片，建議選擇天然的會比較好喔～

3.全脂牛奶

一直以來我們都被灌輸脂肪不好，要喝低脂牛奶的觀念。現在我們要改變這樣的觀念，脂肪對人體來說是非常重要的，全脂牛奶提供身體好的脂肪，也會讓你有飽足感。一般早餐時的飲料搭配，也很建議使用全脂牛奶。

每100克全脂牛奶的熱量約65大卡，蛋白質約3.3公克，脂肪約3.7公克，碳水化合物約5.5克，也是平常運動後或點心時可以補充的好選擇。

另外，有些人如果有乳糖不耐，像我就是，喝豆漿也有一樣的好處，不用逼自己非喝牛奶不可喔。

4.無糖優格

優格基上可以想像成牛奶的濃稠版，基本就是用牛乳發酵而成，優格比起牛奶，就是多了乳酸菌的部分。

每100克的優格約有63大卡熱量，蛋白質約3.3克，脂肪約3.6克，碳水化合物4.5克，也跟牛奶差不多（主要糖分來源爲牛奶裡的乳糖）。

不過要特別注意，市面上的優格大都是原味優格，很多原味優格還是有添加糖的，也不要選那種加脆玉米片或加果醬的。就單純無糖優格就好，希臘優格也可以，也是運動後或下午肚子餓的好點心，加一點減重時可以吃的水果還有奇亞籽一起搭著吃也很不錯。

5.奇亞籽

奇亞籽可以說是超級食物之一，因爲它含有豐富的Omega-3，Omega-3是一個非常好的脂肪，因爲Omega-3只存在於很少的食物裡，平常我們要攝取Omega-3是相對不容易的，而奇亞籽裡就有滿滿的Omega-3給你。

除了這個，還含有超級豐富的膳食纖維，膳食纖維對於在體重控制的人來說非常重要，對於血糖的穩定非常有幫助。

奇亞籽的口感吃起來有點像小時候吃過的山粉圓（不過這兩個可是不一樣的東西），所以很適合加在飲品裡，像我個人試過任何飲品加奇亞籽，後來覺得豆漿還滿搭的，也推薦你試試。

每100公克的奇亞籽含有16克的蛋白質、31公克的脂肪（好脂肪）、38公克的膳食纖維。

不過要注意因爲富含纖維，也不宜一口氣吃太多，如果水喝不夠也有可能便秘，一次大約攝取30克就可以囉～

前面介紹了七大減脂料理方式。按照這個原則,你應該準備的工具有:

1.電鍋:

用來做蒸蛋、蒸魚等清蒸料理。

2.湯鍋:

用來汆燙食材備用,或是製作泡菜鍋、豆漿鍋等鍋物。

3.烤箱:

我的烹飪原則並不複雜,不一定非得買大烤箱不可,小烤箱也能做出可口的低脂料理,像是烤蝦子、烤柳葉魚等。

4.不沾平底鍋:

選擇不沾鍋的用意是可以降低油脂的使用量,對於烹飪生手來說,也比較好操作。在鍋型的選擇上,不要買太小或太淺的鍋子,我主要使用的是28公分的平底鍋跟30公分型的不沾炒鍋,這兩個鍋型幾乎可以涵蓋我所有的減脂料理,除了能拿來煎以外,需要比較多份量時也可以用炒的。

是不是很簡單?不需要什麼複雜的工具就可以開始做減脂料理。

準備好了嗎?讓我們一起動手做出美味、健康又能讓你變瘦、變美的一休式減脂料理吧!

45天的菜單食譜

看到這裡，大家應該已經迫不及待開始減脂計畫了吧？

如果說減肥界有神農氏，那一定就是我，以前只要聽說有效的方式，我都會想試試看。

其實減重眞的不難（注意，我講的是「減重」，不是「減脂」），如果單純想要減掉體重，不論你用什麼方式，只要那個方式很極端、很奇特、很難執行，幾乎都可以讓你在很短時間快速瘦下來。

我以前也瘦過無數個5公斤、10公斤，雖然不管什麼方式都會讓我瘦，卻從來沒有一種方式能夠讓我長期維持想要的體態。

如果你也是減肥界的老手，相信你書架裡應該堆滿了無數的減肥書，也跟我一樣身經百戰過。

繞了很大圈遠路後，我才發現，原來最重要的，不是你花了多久瘦下來，最重要的是你用的方法能不能讓你快樂，並且長期使用。

如果你用的是一個痛苦又極端的減肥法，我包準你瘦下來後，一定不會想再繼續用那麼痛苦的方式。再來，極端的減肥法，通常伴隨著大量的肌肉流失，復胖幾乎就是可想而知的事。

所以一休前面說了那麼多，是因爲我自己最後才發現，原來能夠快

樂，並且持之以恆使用的方法，才是最重要的。

很多人問，那瘦下來後我還要維持這樣的飲食嗎？如果你會問這問題，表示你以前的方式都不是你喜歡的方式！

對我來說，我改變的是一種生活習慣、飲食習慣，也是一種生活態度。

當你體會到健康均衡的飲食，帶給你頭腦的清明、身體的活力、生活的快樂，你根本不會想再回到以前那種每天吃完飯昏昏欲睡，常常覺得精神不佳、沒有活力的日子了。

當你體會過強壯、健康的快樂，你就回不去了。

相信我，45～90天後，你會對我現在說的這段話點頭如搗蒜，因為這樣子的快樂，只有體會過的人才能懂。

前面我介紹了非常多的資訊：為什麼要做45至90天的計畫、肌肉跟脂肪的差異、為什麼你需要保留跟增加肌肉、飲食均衡的重要性、飲食攝取的比例等，接下來我們就要開始動手料理囉。

一休減重的大原則非常簡單：
選擇對的天然食材、用對的方式調理跟適度調味、美味又低熱量，
然後重點是，可以吃得很開心。從今天開始，減脂飲食不再只有水
煮這條路，然後你會從此愛上這個方式。

我會教大家一天準備一道菜色，基本上你可以把這些菜色任意安排在你的飲食計畫裡，我會以主菜為主，例如蔬菜類大都是清燙，所以我可能只會教幾種，之後大家就可以自己變化搭配在三餐。

　　食譜的部分，我會以蛋白質類的主食為主，其他為輔，總共安排45天的教學，大家可以任意自行搭配不同調理方式的主食跟食材，執行兩次45天就是90天的減脂計畫。

　　記住，體重控制永遠都是飲食占70%～80%，運動20%～30%，如果你做好飲食控制，搭配運動就會達到事半功倍的效果；反之，如果飲食沒控制好，除非你運動超大量，不然基本上要改變真的很難。

　　想是問題，做是答案。困難是人想出來的，只要你去做，就會發現其實很多事是自己想得太複雜，行動就是最好的答案，現在就開始執行吧！

水煮蛋 一顆70大卡

對，你沒看錯，我要介紹的第一道料理就是「水煮蛋」。

雞蛋是非常營養的超級食物，除了有完整的蛋白質外，蛋黃也有豐富營養，而且近來很多研究已替蛋黃平反，蛋是好膽固醇，多吃還可以降低低密度膽固醇（壞膽固醇），一天2～3顆都沒有問題喔～

水煮蛋很方便攜帶，我在減脂期時，出門會帶兩顆水煮蛋當點心，是營養豐富又低卡的減肥美食。蛋殼的顏色跟營養成分無關，只要挑新鮮的就好（不過太新鮮的有時也會不好剝，放一個星期左右的蛋最佳）。至於怎麼煮才不會煮破呢？告訴你一個秘訣：下鍋之前，拿尖銳的東西在雞蛋鈍的那一頭輕輕戳一個小洞，就可以平衡壓力；此外，在水裡加一點鹽巴或醋，也會比較不易煮破。

水煮蛋無須複雜烹調就很好吃，只要加一點鹽巴或醬油就很美味，若你不容易在公司附近找到低油烹調的優質蛋白質，不妨每天帶兩顆蛋上班吧！

料理方式：水煮 🐷
料理鍋具：湯鍋 🍲
準備材料：蛋

作法：
1. 把蛋從冰箱取出放至室溫。
2. 在蛋比較鈍的點用刀尖或針輕輕戳一個小洞。
3. 把蛋下鍋，煮至水滾後關火，看想吃幾分熟就靜置幾分鐘。
4. 燜到自己想要的時間後，把蛋取出放在冰水或常溫水裡放涼即可。

小TIP：

1. 水煮蛋約可以放在冰箱三天，看個人需求一天吃一到三顆左右都OK，一次煮好就可以不用天天煮。
2. 挑蛋只要在超市選製造日期比較新鮮的即可，因為有日期可以看，我反而比較建議可以挑盒裝蛋比較好保存。
3. 放1：1的醬油跟水，加入乾香菇、薑片（或薑泥）一起煮開，就可以變成溏心蛋的醬汁，只要把煮好的半熟蛋放到醬汁裡冰鎮一天，就是好吃的溏心蛋喔～

香煎鯛魚 　一人份約120大卡

　　坊間的「鯛魚」其實就是改良過的吳郭魚，台灣的養殖技術很好，吃起來鮮嫩可口，完全沒有土味，而且市面上販售的商品，又都已經幫消費者片好，使用起來很方便。鯛魚除了方便取得，營養價值高但熱量低，100克的鯛魚約有20克的蛋白質、100卡的熱量，完全無碳水化合物，是高蛋白低脂肪的減重聖品，比起一般人減重常吃的雞胸肉，其實我更常吃鯛魚。

　　乾煎是我最愛的一種烹調方式，中火燒熱少許油以後，擦乾魚肉下鍋，此時火可以轉小一點，要有耐心，千萬不要一直去翻動它。在等候魚肉煎熟的過程中，準備其他菜色或收拾廚房，等到開始冒出香氣，就可以翻面了。兩面煎到金黃色，灑點海鹽、黑胡椒，就可以起鍋上菜，口感外酥內嫩，外觀又讓人食指大動，減肥期間能吃到這種美食，真是幸福滿點。

　　同樣的作法，還可應用到鮭魚、豬里肌、雞胸肉等肉類，試試看，你一定會愛上它的！

料理方式：煎
料理鍋具：平底鍋
準備材料：鯛魚100～150克（依大小不等約1片～2片）
　　　　　　　奶油約5～10克、黑胡椒、海鹽少許

作法：
1. 少許奶油熱鍋，放入鯛魚片開始煎，沒聞到香味前不要翻面。
2. 在煎時可以在未煎的那面撒一點海鹽跟黑胡椒，等香味出來、呈現焦香金黃後翻面。
3. 翻面後轉中小火，在另一面也撒上海鹽跟黑胡椒，等聞到香味，確認顏色金黃即可起鍋，如果鯛魚片比較厚，也可以轉小火、蓋鍋蓋燜一下，等中心都熟透就可以起鍋了。

🍴 **小TIP**：

用奶油煎，是因為奶油是非常穩定、好的飽和脂肪，很香，而且比起有些植物油更耐高溫，煎一條鯛魚只要不到5克的奶油就夠了。

水煮雞胸肉　一人份約100大卡

　　不管你想增肌、減脂、追求身體健康，達到減重目標，雞胸肉在飲食計畫裡絕對是最重要的食材之一。它份量大、便宜、蛋白質含量高（100克大約100卡，有20克的蛋白質）、脂肪低，加上蛋白質吸收率佳。如果以最方便取得跟便宜性來說，雞胸肉還是最棒的選項之一！

　　雞胸肉一切都好，但有個小問題，就是幾乎不含脂肪，所以吃起來較為乾柴，如果這個食物再好，吃起來又乾又柴又硬，我相信也很難吃得持久。如何讓水煮雞胸肉吃起來滑嫩順口？市面上有打水法、泡鹽水法、加牛奶或優酪，但這些前置作業都要不少時間，有的還要醃一天，一休都覺得太麻煩了。

　　跟大家分享一個快速、簡單又好吃的作法，保證從此顛覆你對雞胸肉的看法喔～

料理方式：煮
料理鍋具：湯鍋
準備材料：雞胸肉100克、蛋白1顆、鹽少許

作法：
1. 雞胸肉先剖半不要切斷，把厚的那邊再片薄。
2. 在雞胸肉上撒一點白胡椒。
3. 取一顆蛋白倒在雞肉上，讓它全部包覆後靜置3～5分即可。
4. 在水裡加點鹽，把雞肉放入滾水中後約5～10秒馬上關火，再蓋鍋蓋燜7～8分鐘，好吃的嫩煮雞胸肉就完成了。

 小TIP：

煮個糙米飯、放上剝絲的雞胸肉，撒點蔥花、醬油膏，就變成超好吃的自製雞肉飯，這樣的雞胸肉比外面的雞肉飯都好吃100倍啊啊啊！
另外在煮好的嫩雞胸肉上加點小黃瓜絲、芝麻醬，又會立刻變身為日式的雞肉沙拉，非常多變化喔！

黑木耳炒蛋 — 一道約250大卡

很多人都有小時候討厭吃，但長大後超愛的食物，對我來說就是黑木耳。我小時候覺得有點軟滑噁心，但長大後卻瘋狂愛上那滑溜爽脆的口感。

黑木耳不但好吃，而且食材營養價值高，擁有豐富的水溶性纖維跟多醣體，加上又沒有強烈味道，可以說是百搭食材，炒青菜可以搭一點、做鍋物也可以搭一點，增加料理的口感。

在我家，最經典的木耳料理就是木耳炒蛋，我每次做這道菜，心中總有滿滿溫馨。我發起90天減脂計畫時，李小妹還沒上學，每次我在廚房忙，她都會端著小椅子過來幫忙。因為我很喜歡吃木耳，她則很喜歡吃蛋，我就想，何不把這兩個食材結合起來呢？

我家李小妹並不是一個很「好養」的孩子，對吃不大熱中，但對這道木耳炒蛋可是讚不絕口，我們父女還曾連做三天木耳炒蛋，簡直樂此不疲。

若用三顆蛋去炒，一大盤供一家三口吃的木耳炒蛋也不過250大卡，真是減肥者的福音，誠心推薦給大家。

料理方式：炒
料理鍋具：平底鍋
準備材料：全蛋3顆、木耳150克、海鹽、醬油少許

作法：

1. 木耳切塊或用手撕成塊狀，3顆全蛋加少許海鹽、高湯或水打散，這樣做會讓蛋比較滑嫩喔～

2. 切好的木耳先汆燙後取出備用，加橄欖油後再把蛋液倒入平底鍋，不要馬上攪拌，等底部稍微凝固、聞到蛋香味時再攪拌，蛋炒好後取出。

3. 將木耳入鍋拌炒，加入少許海鹽、醬油調味，把炒好的蛋一起加入翻炒一下，聞到香味就可以上桌囉～

小TIP：

黑木耳跟很多女生喜歡的減重聖品寒天一樣高纖低熱量，卻是富含更多營養價值的好食材，怕吃不飽時，也可以多加一點黑木耳增加飽足感！

DAY 5

清炒海鮮天使麵 — 一人份約500大卡

　　和GI值偏高的白麵條、烏龍麵等相比，義大利麵GI值只有56，幾乎跟糙米差不多，是比較理想的中GI值澱粉。100克乾義大利麵約360大卡，一人份煮60～70克，就可以吃很飽了。義大利麵形狀繁多，我自己最喜歡天使髮絲義大利麵，因為煮熟後份量多、所需烹煮時間又比較短，外觀又細緻美麗。

　　在外面吃義大利麵，最大的地雷其實不在於「麵」，而在於「醬」。白醬的熱量很高，而鋪滿起司焗烤的義大利麵，更是雷中之雷，絕對是減肥者大忌。

　　在家自己做，我通常都選擇用橄欖油清炒或茄汁燴煮（可以直接買番茄糊罐頭比較方便）的方式，配料則使用蛤蜊、花枝、蝦仁、蟹肉之類的海鮮，若想加點菇類也很棒，滿滿一盤，熱量差不多只有500大卡。煮好後，拿個漂亮的大圓盤盛盤，再搭配一盤燙青花椰菜，看起來賞心悅目，當作跟老婆的浪漫約會晚餐也很合適啊！誰說減肥的人只能一個人躲起來吃那些難看難吃的水煮食物呢？

料理方式：炒

料理鍋具：平底鍋

準備材料：天使髮絲麵70克、蛤蜊10顆、鯛魚100克、蝦子，花枝適量（海鮮可以隨自己喜歡，基本上什麼種料的海鮮都可以），橄欖油10～15CC，蒜頭、辣椒、鹽巴少許

作法：

1. 蛤蜊先加鹽巴泡水吐沙，鯛魚切塊，蝦子洗淨，花枝切段，蒜頭切丁，辣椒切段。

2. 煮一鍋熱水加鹽巴，取約70克生麵（1人份約70克，2人份依此類推），放到滾水裡約2分鐘就可取出備用。

3. 平底鍋加入約10～15CC的橄欖油，加入蒜末、辣椒先炒香，再放入鯛魚、蝦子及花枝，稍微煎炒一下至熟。

4. 放入吐好沙的蛤蜊，把燙好的天使麵加一點煮麵水下去稍微炒一下，加一點海鹽調味。也可加巴西利粉或九層塔增添香味。

小TIP：

義大利麵不像煮飯那麼花時間，只要把所有材料都一起拌炒，就是一道有優質碳水化合物、蛋白質跟纖維質的好主食，可以減脂又好吃喔！想換口味時，可以用雞胸肉替換海鮮，也可以加入野菇、番茄等個人喜好的當季蔬菜。

電鍋蒸瓜仔雞 　一人份約130～180大卡

　　雞肉是減脂減重時的好朋友，低卡高蛋白，價格便宜，減重又可以享受美食才是王道，所以今天就跟大家分享這道低卡料理，吃了還會瘦的電鍋蒸瓜仔雞。

　　料理的靈感來自阿嬤做給我們吃的古早味瓜仔肉，傳統的瓜仔肉大多使用豬絞肉，帶肥的部分比較多，今天我們改用雞胸肉，不但蛋白質更多，脂肪也比較少，是減重時的好朋友！

料理方式：蒸
料理鍋具：電鍋
準備材料：雞胸肉100克、菜心約20克、椰子油10CC（椰子油是我想額外補充好油，可選擇加或不加）、白胡椒粉

作法：
1. 雞胸肉切成泥。
2. 菜心切成丁。
3. 把切成泥的雞胸肉跟切丁的菜心，加入椰子油、胡椒拌在一起（加一點菜心汁會更好吃）。
4. 電鍋加兩杯水，蒸好就完成啦！

小TIP：

這道料理是雞胸肉的變化版，如果你喜歡滑嫩一點的口感，也可以把雞胸肉換成去皮雞腿肉，吃起來就會更嫩喔～

四季豆炒杏鮑菇　——道約120～150大卡

四季豆是一休跟李小妹都喜歡的蔬菜之一，台灣到處都能買到，不管是鹹酥雞、鹹水雞、烤肉攤或滷味攤都有四季豆的蹤影，但外食的四季豆不免會有太多的調味料，尤其鹹酥雞攤的炸四季豆根本就是大地雷啊！

想吃四季豆就自己料理，最簡單的方式就是汆燙，洗一洗切一切再燙熟，要吃時沾一點芝麻醬就超級好吃了！或是什麼都不用加，直接炒也很棒！

四季豆除了含有維生素C，還有鐵質、鈣、鎂和磷等礦物質，鐵可以促進造血功能，有助於改善貧血，其中的膳食纖維大都是非水溶性，有助促進腸胃蠕動，消除便秘。

杏鮑菇同樣含有豐富的非水溶性的膳食纖維，對於改善便秘也非常有幫助。它是百變的食材，煮、滷、炒、炸都行，做成泡菜或三杯系列都無比美味。杏鮑菇也是我很喜歡很常吃的食材，老實說我個人超愛吃炸杏鮑菇的，但炸的不能常吃，自己用炒的一樣也是非常好吃，單單杏鮑菇也可以做成好吃的辣炒杏鮑菇！

料理方式：炒 ⟍
料理鍋具：平底鍋 ⟍
準備材料：杏鮑菇100～200克、四季豆1～2把、蒜頭、黑胡
椒粉、海鹽、奶油各少許

作法：

1. 四季豆切段、杏鮑菇切滾刀塊、蒜頭切片或切丁都可以。

2. 加約5～8克奶油到鍋內，爆香蒜頭後，放入杏鮑菇拌炒一下。

3. 放入四季豆一起拌炒，同時加入適量的海鹽跟黑胡椒粉調味。

4. 這兩樣蔬菜都會生水，炒到軟化就可以了。

小TIP：

杏鮑菇炒熟後的甜味更明顯，所以我都炒到杏鮑菇表面有一點焦糖化，淡淡的焦香味出來就可以起鍋了。

DAY 1
延伸料理

水波蛋 一顆約70大卡

　　我本身非常愛吃蛋，雞蛋可以算是非常營養的超級食物，除了有完整的蛋白質之外，蛋黃也有著豐富的營養，是很棒的完全食物，一天2～3顆都沒有問題喔～

料理方式：煮
料理鍋具：湯鍋
準備材料：蛋

作法：
1. 打一顆蛋到碗裡（這是好習慣，如果蛋壞掉了，起碼不會破壞其他食材）。
2. 在滾水裡加點醋（加醋是為了讓蛋白比較容易凝固）。
3. 將水快速攪拌後，把蛋從中間的漩渦倒進去（這是為了讓蛋可以集中在中間，也不容易沉底）。
4. 可以繼續攪拌，讓蛋煮熟。
5. 依照你喜歡的熟度撈起來（其實很快，大約1分～1分半）。
6. 加點鹽巴或醬油就非常美味了。

掃 QR Code 看影片解說

小TIP：
不論是單吃，或是跟沙拉、糙米雞絲飯等一起搭配都會很好吃。

DAY 2
延伸料理

黑胡椒乾煎香菇 一人份約100大卡

香菇是很適合減重的食材,像我常吃的杏鮑菇、鴻喜菇、美白菇、秀珍菇、金針菇,都是很棒的選擇!每100克的香菇熱量只有40大卡,是低熱量、高蛋白、高纖維的植物。這道乾煎香菇的作法,簡單到不需要任何技巧就能做到。

料理方式:煎

料理鍋具:平底鍋

準備材料:奶油、香菇4～6朵、黑胡椒粉、鹽、無鹽綜合香料(綜合香料可隨自己喜歡,一般以鹽跟黑胡椒為主即可)

作法:

1. 香菇稍微清洗後,摘掉蒂頭。
2. 在鍋內放約10CC奶油,把白色那一面香菇先放入乾煎,此時可以先撒點海鹽跟黑胡椒。
3. 等香氣出來,翻面再把另一面也煎到香氣出來,一樣再撒一點海鹽跟黑胡椒,等聞到香味後,再撒上一點你喜歡的香料,就完成啦。

小TIP:
香菇只要軟了就會出水,等聞到香氣、有點微微軟化出水,就是已經熟了的狀態。蒂頭也是很好吃的部位,千萬不要浪費,可以丟到鍋子一起煎～

蘋果佐雞胸肉 一人份約150大卡

雞胸肉和蘋果,你一定都吃過,但雞胸肉加蘋果你可沒吃過了吧!

這道偽鹹水雞之蘋果佐雞胸肉,是來自鹹水雞的靈感,只要把酸酸甜甜的蘋果,跟水嫩的雞絲拌在一起,就是一道風味獨特、酸甜中又帶點鹹味的料理,讓雞胸肉的口感增加新滋味,只要一顆蘋果跟雞胸肉就可以完成囉~

料理方式:煮

料理鍋具:湯鍋

準備材料:蘋果一顆、雞胸肉100~200克、白胡椒粉、鹽、辣椒粉(另外也可以自行加入蒜頭、蔥末、辣椒等)

作法:

1. 先燙好水嫩的雞胸肉,放涼後剝絲。

2. 蘋果切片再切絲(像我們這種料理低手就不用太注重刀工了 XD)

3. 把切好的蘋果絲跟雞絲先簡單拌在一起後,再加入胡椒粉、鹽巴、辣椒粉調味,所有你喜歡的佐料拌一拌就可以了。

小TIP:

蘋果是非常健康的好水果,這道料理有蛋白質、纖維質、營養豐富又低熱量,絕對是你減重減脂時的好朋友喔~

DAY 7
延伸料理

長豆炒香菇 　一人份約120大卡

　　長豆跟香菇都是李小妹喜歡的蔬菜，而且這兩樣都好保存，不像有些葉菜類需要即食，所以我常常會買李小妹偏愛的豆類，例如長豆、四季豆、豌豆等。

　　長豆100克約30卡，含有豐富的纖維質，熱量低，很有飽足感，也是很適合減脂時吃的食材；香菇同樣高纖、低熱量，而且還有蛋白質，對身體的好處很多，包括低醣、防癌、幫助消化等，是可以常備又好搭的食物喔。

料理方式：煎

料理鍋具：平底鍋

準備材料：長豆1把、香菇6～8朵（喜歡吃就多一點無妨）、椰子油或奶油、海鹽、醬油

作法：

1. 長豆頭尾兩端去掉、切小段。香菇的蒂頭拔掉、切片。
2. 加入約5～8CC椰子油，先炒長豆，再放入香菇翻炒。
3. 炒到有點熟後，加點海鹽調味，再加水或高湯，因為油放得不多，所以用半水炒的方式把四季豆跟香菇燜熟，水不要一次加太多，慢慢加即可，蓋上鍋蓋燜一下。
4. 最後加入一點醬油，再炒到醬油收乾就可以囉～

小TIP：
椰子油一定要選購冷壓初榨的方式才是好油，如果沒有椰子油，改用奶油也很好。

蛤蜊絲瓜全麥麵線 —— 一人份約300大卡

　　在我們的減脂飲食原則裡，每餐都要有好的複合性碳水化合物，白麵線雖然好吃，但任何白色主食，像米飯、麵線、麵條，都是營養成分已被大量抽離的精緻碳水化合物，很容易因為過量攝取，導致血糖快速升高，進而造成肥胖的問題。

　　所以我把白麵線換成全麥麵線或蕎麥麵線，市售的只要全麥粉或蕎麥粉的含量達51%以上，就可以稱作全麥／蕎麥麵線或麵包，這不是最好的複合碳水化合物選擇，但起碼我們在想要吃麵食時，可以選擇相對好的飲食。

　　蛤蜊跟絲瓜都是本身滋味非常豐富的食材，只要簡單的鹽巴跟天然的辛香料，就可以吃到天然又好吃的食物原味！這是一道不需要一滴油，也幾乎不需要調味料的食譜。

料理方式：煮 🍲
料理鍋具：湯鍋或炒鍋 🥘 🥄
準備材料：蛤蜊半斤、全麥麵線2把（全麥麵線或五穀麵都可以）、絲瓜1條、薑片少許

作法：

1. 吐好沙的蛤蜊先用熱水燙一下，檢查後備用，絲瓜削皮後切片或切塊，切一點薑片。

2. 鍋裡燒一點熱水，等水滾後不需加油，直接把切好的絲瓜入鍋燜煮。等絲瓜煮到軟時，就可以再適量加一點水，把剛才燙過的蛤蜊連湯汁放下去煮，這時也可以一起把麵線下鍋（有人會問，需不需要先汆燙麵線？我是直接下鍋，這樣湯就會有點稠稠的）。

3. 麵線本身都會有點鹹，加上蛤蜊有非常甜美的天然海鮮味，絲瓜也有自然的鮮甜味，不必再加任何調味料。

4. 最後把切好的薑片加入，大火滾一下就可以上桌啦～

 小TIP：

挑選絲瓜：每年5～9月是絲瓜的盛產季，所以夏天非常適合吃絲瓜，外觀選顏色較鮮豔，樣子直挺，用手掂一下，通常絲瓜都是算條在賣，選感覺比較沉重的水分較多，口感較好。

檢查蛤蜊：吐沙後，用熱水汆燙一下，新鮮的蛤蜊會有微微的小開口，只要用手可以稍微打開的，基本上都是新鮮的，如果用手打不開的，很有可能是壞掉的，可以先挑起來，最後如果下鍋煮了，還是沒開的蛤蜊，千萬不要硬剝開，如果是臭掉的，一開就整鍋全毀了。

掃QR Code看影片解說

黃金糙米炒飯 —一人份約500大卡

　　我是個炒飯控，超愛大口扒飯滿嘴香的感覺！不過，坊間的炒飯熱量實在太高了，大約用一碗半到兩大碗左右的白飯來炒，而且老闆為了要好炒，用油都超豪邁（又是精製油），一份炒飯熱量就高達700到900大卡！以前我三餐外食，一週可以吃五天炒飯，這樣狂嗑不胖也難。

　　為了減肥期間也能安心享用炒飯，我用糙米飯取代白飯，份量也酌減為150克左右，使用兩顆蛋，副料則可能是蝦仁、瘦肉等低脂優質的蛋白質，偶爾會放些菇類增加纖維質；而油脂，當然是椰子油、橄欖油之類的好油，所有食材的熱量加起來，差不多也只有500大卡，又比外面的炒飯多了許多營養，若一次做多一點，還可以帶便當。若怕纖維質不夠，也可以另外燙個青菜。

　　我也曾經模仿知名餐廳的作法，另外煎一片金黃可口的豬里肌，切片蓋在炒飯上（當然，炒飯就不能另放肉類囉），這樣熱量會略增到680大卡，但也還在控制範圍內，而且減肥期間能享用這麼豪華的炒飯，還有比這個更幸福的事嗎？

料理方式：炒

料理鍋具：平底鍋

準備材料：糙米飯150克、蛋2顆、蔥花、蒜末、海鹽、黑胡椒粉、醬油各少許

作法：

1. 加入10～15CC好油（冷壓的椰子油、橄欖油、傳統煉製的豬油、鵝油、高品質的奶油都可以），把切好的蔥花跟蒜末先爆香，爆香後取出或堆到平底鍋的邊緣都可以。

2. 把蛋加一點海鹽打散，用餘油加入蛋液，等待一下再攪拌，成散蛋的形狀即可。

3. 把備好的糙米飯倒入，所有料一起翻炒，可以再加入一點海鹽，也可以加入一點現磨的黑胡椒粉，再翻炒，最後加點醬油再翻炒到醬油香氣都出來就可以了。

小TIP：

可以視個人或家人喜好加料，例如想多點蛋白質，就加蝦仁、瘦肉絲或一片煎里肌，想多點纖維質，就加菇類、青菜等，想來點重口味，就加點生辣椒或韓式泡菜。

糙米飯

　　糙米是稻米脫殼後的米，保留了粗糙的外層（包含皮層、糊粉層和胚芽），顏色較精製白米深。日本稱爲玄米，英文稱爲brown rice（棕色米）。因爲糙米保存完整的稻米營養，富含蛋白質、脂質、纖維及維生素B1等，所以比白米更健康，也是減重時最好的主食。

　　糙米可分解爲表皮5%，胚芽3%，胚乳92%。即米糠（或鼓糖=表皮+胚芽）占8%，精米占92%。可是其中所含的營養成份則相反，即維生素、檸檬酸含量在表皮爲29%，胚芽爲66%，這都在米糠中，而胚乳即精米中只有5%。也就是說，95%的營養成份在米糠中，只吃精米（白米）的人，將95%的營養成份都扔掉了。

　　糙米因爲低GI值，又含有豐富的營養，是減脂時非常適合吃的澱粉，我鼓勵大家把白米換成糙米。但外面買的糙米飯不是又濕又黏，就是又乾又硬，其實只要煮對方法，糙米飯可是又香又好吃的。

　　在此教大家怎麼煮好吃的糙米飯，一般糙米跟白米的差異就在加水量，我們以一杯米爲基準，重量約145～150克。

小TIP：
用電子鍋，1杯糙米約加1.7到1.8杯水，
用大同電鍋，1杯糙米約加1.3杯水。
煮好後把飯撥鬆，再燜30分鐘，大功告成。

以我實際測量，2杯米，也就是300克的糙米約可以煮出900克的飯，100克重的生糙米約360卡。這樣大家就可以計算，吃100克的熟糙米飯熱量約120克左右。

　煮白米飯時，白米比水約是1:1，糙米飯則建議1:1.5，也就是1杯糙米加1.5杯的水。但我實際試過，覺得1.5杯的水有點不夠，1.7杯的水比較剛好。

我這餐是煮了2杯米，因為電子鍋的內鍋有刻度，所以我以前都是沒量幾杯，直接水加到比建議量多一點點，所以你們可以看到我的水加的比他建議的多一點。

如果你的內鍋沒有刻度，就是1杯米加1.7杯的水。

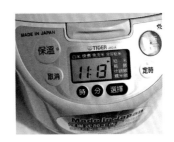

電子鍋也有很多模式，記得要選糙米模式。

等爛好後，好吃的糙米飯就完成啦！加水量適中的飯，煮起來會像照片上這樣有很多洞，又俗稱蟹洞，就是飯煮得很好的證明喔～

另外，如果是使用大同電鍋，1杯糙米約加1.3杯水，然後外鍋加2杯水，不管煮幾杯米都是加入2杯的水。

正常有人會建議煮之前可以先浸泡30分鐘，我個人是都沒有泡，但我煮好後會先把飯撥鬆，再蓋起來悶20~30分鐘，好吃的糙米飯就完成啦～所以關鍵是加水的量。

來個牛肉跟青江菜，就是一碗黯然銷魂牛肉糙米飯啊～～

地瓜泥蔬果沙拉　一人份約180～220大卡

地瓜是非常好的食材，可以單吃、冬天煮湯吃、搭配料理吃，也可以在運動前後吃。我很喜歡吃地瓜泥沙拉，自己做很簡單又低熱量，做一次可以冰起來吃好幾餐，跟朋友家人分享也很不賴。

一般最常吃到的就是馬鈴薯沙拉，但馬鈴薯是GI值較高的澱粉類食物，比起馬鈴薯，地瓜、芋頭或南瓜都比較好。

地瓜非常容易取得，紅心地瓜跟黃心地瓜都很不錯，烤地瓜更是從小吃到大的好零嘴，也可以取代白飯作爲主食，它是好的複合性澱粉，也就是好的、複雜的碳水化合物。

這道沙拉口感非常清爽，蘋果香甜帶點微酸的口感跟地瓜非常搭，小黃瓜可以增加口感跟脆度，吃GI值較高的食物時，搭配富含纖維跟低GI的食物，可以降低血糖的波動，不易合成脂肪，適合減重的主食之一。

無調味堅果可以爲沙拉帶來另一種口感跟香氣，堅果類不但含有豐富的蛋白質和碳水化合物，還有好油脂，所以平時我肚子餓時，也常常吃約20克的無調味堅果當成點心。

料理方式：蒸
料理鍋具：電鍋
準備材料：地瓜1顆、蘋果1顆、小黃瓜1條、無調味堅果50克

作法：

1. 地瓜削皮或不削都可以，直接整條拿去蒸（約蒸20分鐘）。
2. 等待蒸的時候可以把小黃瓜跟蘋果都削皮切丁，無調味堅果壓碎（用一個袋子裝起來再用刀背敲一下就可以了）。
3. 把蒸軟地瓜取出，地瓜很鬆軟，不必再用攪拌器，直接用湯匙壓成泥就行了，也可以用研磨棒或敲肉的工具敲打成泥。
4. 將地瓜泥、蘋果丁、小黃瓜丁、無調味堅果一起攪拌一下就好囉。
5. 如果家中正好有新鮮桑椹、莓果或手作果醬，也可以加一點進去調味。

小TIP：

1. 可以準備一些鹽水泡一下切好丁的蘋果跟小黃瓜，比較不會變色。
2. 全程沒有用上一滴油跟美乃滋，也不用額外加糖或蜂蜜什麼的，如果真的怕太乾，可以加一點點橄欖油，怕味道太淡，也可以灑一點點海鹽調味。

柴魚煎蛋 ——一道約220～250大卡

這道是一休研發後覺得超好吃的料理，因為李小妹看我們家NINI哥（一隻貓）還滿喜歡吃柴魚的，可能受牠影響，所以平常也滿喜歡吃柴魚片。愛女兒如我，想著柴魚本身的風味就很棒，也有一點鹹味，那不如把柴魚跟蛋加在一起，應該也很不錯，所以這獨門料理就這樣產生啦～

基本上除了運動之外，其他事情我都是一個非常懶的人，所以簡單、易做、好吃，是我做料理的三大精神。

這道菜的靈魂就是柴魚，市售的柴魚有很多種，好的柴魚香氣跟風味比一般的柴魚來得更棒，一包柴魚其實可以用很久，所以我會推薦大家可以買一包好一點的柴魚，打開後封好放冰箱可以保存很久都不會壞，很方便～

我自己用的是在JASON超市買的，一包約160元左右，一般比較大的超市也都有很多種柴魚，原則上單價高一點的品質都很不錯～

料理方式：煎
料理鍋具：平底鍋
準備材料：柴魚適量、蛋3顆、高湯、椰子油

作法：

1. 先把蛋打散，打散後放入少許高湯或水，跟柴魚一起攪拌。
2. 熱鍋放約10CC椰子油（橄欖油、奶油、豬油也可），把打好的蛋液倒入平底鍋。
3. 蛋一入鍋後，可用筷子快速攪拌蛋液，等到有點半熟就可以停止攪拌，這樣底部會熟得比較快。
4. 等聞到蛋香後，即可任意翻面。
5. 等另外一面也煎熟後，好吃的柴魚煎蛋就完成啦～

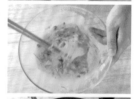

小TIP：

因為李小妹愛吃柴魚，所以我盛盤後再撒一點點柴魚片，用餐時夾一點跟蛋配著吃很棒喔～

豆漿蒸蛋　一人份約110大卡

　　這道熱量低又營養的美食，是李小妹最喜歡的食物之一，還可以加入蛤蜊、蝦仁、玉米等食材，增加風味與營養，單獨吃可口，拿來拌飯吃也很美味，是我家的常備菜。

　　除了用水來蒸，也可以用高湯、牛奶或豆漿取代，用牛奶蒸出來的蒸蛋特別柔嫩，用豆漿蒸出來的口感則會稍微硬一點，但有些人可能會喜歡這種Q感。這樣一份含有豐富的蛋白質跟碳水化合物，還有來自蛋跟豆漿的好油脂，非常營養又低卡喔！優先選擇豆漿，是因為我覺得它比較營養，也可以改成其他的選項喔！

料理方式：蒸

料理鍋具：電鍋

準備材料：無糖或低糖豆漿（牛奶、水）300CC、全蛋2顆或3顆、海鹽少許、和風醬油少許（跟蛋一起蒸的副食要加雞肉、海鮮都可以喔）

作法：

1. 先把蛋打散，加入豆漿（牛奶、水）打散，再加入少許海鹽跟少許和風醬油調味。

2. 建議用網子過篩一次，先濾掉一些雜質，再用保鮮膜包起來放進電鍋蒸約8分鐘。

3. 第一次跳起來後，我加入了幾條菇菇再放進去蒸一次，等再跳起來後就熟囉！

小TIP：

鍋蓋不要蓋密，或是在碗上蓋一層蒸籠布，就可以蒸出光滑完美的蛋，但反正是自己吃，又不是要拿出來賣，就算蒸成蜂巢狀也沒什麼關係啊！外觀不美，但還是很好吃唷。

馬鈴薯燉肉 一人份約220大卡

　　馬鈴薯燉肉是我從小到大都很喜歡的料理，燉得鬆軟又甜甜鹹鹹的馬鈴薯真是超級好吃，有這一道菜可以吃三碗飯了。當然我們現在不能再吃三碗飯，不過一樣還是可以吃好吃的馬鈴薯燉肉。

　　我比較喜歡偏台式的口味，所以我自己改良，加了薑片跟辣椒一起燉。低卡的關鍵是選用的豬肉，一般會用熱量比較高的五花肉或梅花肉（100克約350～400卡），我們選擇低卡的豬腰內肉（100克約118卡），腰內肉軟嫩、脂肪少，所以相對熱量低很多。

　　如果喜歡馬鈴薯，可以多放一點，飯少吃一點就好，馬鈴薯雖然不是最優質選擇，但偶爾吃吃還是可以的，有了馬鈴薯就不用再吃白飯喔！

料理方式：滷

料理鍋具：平底鍋

準備材料：馬鈴薯1顆、豬腰內肉150克、紅蘿蔔1條、洋蔥半顆、薑片少許、辣椒1條

調味料：水200CC、米酒、醬油少許（每個人口感不同，我沒有註明要用多少醬油、酒，大家可以自己試味道，覺得OK就行）。

作法：

1. 洋蔥切絲，馬鈴薯、紅蘿蔔削皮切滾刀，豬腰內肉切塊，薑切片，辣椒切段。

2. 放約10CC橄欖油或奶油、椰子油都可，洋蔥跟豬腰內肉下鍋翻炒，等肉變色，加入150～200CC水，稍微滾一下，有肉沫就撈出來，再加入切好的馬鈴薯、紅蘿蔔、薑片、辣椒。

3. 加入調味料（因為燜煮會收乾湯汁，先不用調太鹹），蓋鍋蓋大約燜15～20分鐘就完成了！

小TIP：

馬鈴薯可取代澱粉，這一餐不需要再吃飯也是OK的。另因馬鈴薯屬於高GI食物，記得搭配大量蔬菜一起吃更健康喔～

豆乾炒肉絲　一人份約180～220大卡

　　豆乾炒肉絲是我從小吃到大的家常菜，連到餐廳也都常會點，但傳統的作法因為豆乾、肉絲要好炒、好吃，都會先過油，炒時也會用上大量的油。如果要吃到我們減脂時吃的份量，光是豬肉要過油，豆乾也要大量油炒的熱量，就多了將近180卡，但其實用我的作法不但低卡，口味也一樣好吃！這樣一道有蛋白質、膳食纖維、纖維質跟好的油脂，營養滿分喔！

料理方式：炒

料理鍋具：湯鍋＋平底鍋

準備材料：豬小里肌肉100克（又叫豬腰內肉）、原味傳統豆乾180克約6片、木耳、芹菜少許，椰子油（豬油或橄欖油也可）、辣椒1條、蒜瓣1顆、米酒、醬油、太白粉、醬油膏少許

作法：
1. 里肌肉切絲，用米酒、醬油醃一下，再加少許太白粉抓一下。
2. 豆乾、木耳、芹菜都切片、切段，辣椒切段，蒜瓣切片。
3. 煮一鍋熱水，豆乾跟木耳汆燙後取出，同一鍋水再汆燙醃好的肉絲，變白即可取出（先汆燙是因為這樣不需要用太多油，食材就都可以熟透）。
4. 平底鍋加10CC椰子油，放入辣椒跟蒜瓣炒香後，豆乾跟木耳加入翻炒一下，再放入芹菜跟肉絲繼續翻炒，加入少許醬油跟醬油膏翻炒入味就完成啦～

 小TIP：

1. 豬小里肌肉（又叫豬腰內肉）100克約137卡，跟大里肌相比，小里肌油脂較少，熱量也較低。
2. 原味傳統豆乾100克約160卡（傳統豆乾因壓縮得比較緊實，含水量較少，但蛋白質跟脂肪都較多，熱量也會較高喔！五香豆乾還會另外加麻油，熱量會再高一點。

DAY 10
延伸料理

芋泥蔬果沙拉 一人份約180大卡

　　外食的沙拉除了貴之外，是非常不利於減重的，因為一般沙拉為了追求口感，入口柔滑綿密的關係，幾乎都會加入大量油脂，例如美乃滋、千島醬或大量的沙拉油。且馬鈴薯是高GI值的食物，增重很適合吃，但減重就比較不建議。

　　芋頭本身帶有一股特殊的香氣，跟地瓜一樣都是可以代替白飯，也比白飯更好的複合式的碳水化合物，是好的澱粉主食。

　　材料的主要熱量來源為芋頭跟堅果類，但這兩項都是好食物，芋頭可以當成主食吃，只要適量吃，都不用擔心變胖。除了用芋頭取代地瓜之外，成分與作法都與地瓜泥蔬果沙拉一樣喔！

料理方式：蒸

料理鍋具：電鍋

準備材料：芋頭1顆、蘋果1顆、小黃瓜1條、無調味堅果50克

作法：

1. 把芋頭切小塊後拿去蒸（約蒸20分鐘）。

2. 等待蒸的時候可以把小黃瓜跟蘋果切丁，無調味堅果壓碎。

3. 把蒸軟的芋頭取出，可以沖冷水把芋頭降溫後壓成泥（我家剛好有攪拌器，所以我是用攪拌器打，如果沒有就用研磨棒或敲肉的工具敲打成泥都可以）。

4. 等芋頭處理成芋泥後，就可以把剛才的蘋果丁、小黃瓜丁、無調味堅果一起攪拌一下就好囉。

小TIP：

1. 可以準備一些鹽水泡一下切好丁的蘋果跟小黃瓜，比較不會變色。

2. 全程沒有用上一滴油跟美乃滋，也不用額外加糖或蜂蜜什麼的，如果真的怕太乾，可以加一點點橄欖油，如果怕味道太淡，也可以灑一點點海鹽調味。

煎蔥蛋 —一人份熱量約120大卡

從小到大，我都好喜歡吃蛋料理，而雞蛋也可以說是減重的超級食物之一，它有優質的蛋白質、好的脂肪，GI值跟GL值也都很低，可以說是天天都推薦的食物之一。

蛋可以延伸出非常多的作法，也在這本食譜書出現很多次。

這道古早味煎蛋，也可以說是我對阿嬤的回憶之一，常常在放學回家或肚子餓時，我們都會捏在餐桌上的蔥蛋來吃，即使冷了還是覺得好好吃～

其實蔥蛋大家都吃過，外食的蔥蛋最大的缺點，就是使用大豆沙拉油（不好的油），跟為了好煎跟膨鬆，油放得非常多。

我們改良版用好油，橄欖油、椰子油和苦茶油都可以，再搭配不沾鍋，油脂也不會過多，就可以吃到很好吃的蔥蛋了。

料理方式：煎
料理鍋具：不沾鍋
準備材料：全蛋3顆、高湯少許、蔥和海鹽適量、醬油少許

作法：

1. 把三顆全蛋打散，把蔥切成蔥花備用。在蛋裡加入少許高湯（或水），再加入少許海鹽、醬油、蔥花一起攪拌。
2. 鍋裡加入你喜歡的好油約15CC，開中小火等油稍熱後把蛋液倒入。
3. 倒入後不要馬上翻面，等看到邊緣定型，聞到香味後，再試試能不能直接把蛋滑動（如可順利滑動，即表示底部已熟）。
4. 取一個圓盤，把圓盤蓋在蛋上，再把鍋子翻過來，蛋即可順利不破翻面，再把未煎熟的那面放回鍋裡煎熟即可。

小TIP：
煮給自己或家人吃其實很隨興，如果不求一定要一個圓型，其實用翻炒的也好吃又簡單，下鍋後炒到熟即可起鍋。

芹菜炒豆乾 — 人份約180～220大卡

其實只要慢慢學習認識食材，會發現可以變化的菜色跟種類非常多。我很懶，所以我只做超級簡單的那種，新手入門也絕對沒問題的。

芹菜的獨特香氣主要成分為芹菜油，具有解毒作用，亦可安撫頭痛或焦慮。芹菜含有維生素A、B1、B2、C以及鎂和鐵，可以改善貧血、保養皮膚、對更年期障礙也有幫助！它還含特有的活性物質Pthalides，能放鬆血管周圍的平滑肌，降低血壓，豐富的纖維素，亦可降低膽固醇，並保持血管暢通不阻塞。除此之外，芹菜也是預防癌症、降火氣的好蔬菜！

豆乾是非常好的植物性蛋白質，我使用的是翊家人滷味的豆乾，嚴選每日手工新鮮現做的豆乾製作，平常我們家都有真空包備貨，想吃時退冰後也可以直接切片單吃喔！

料理方式：炒

料理鍋具：炒鍋或平底鍋

準備材料：五香豆乾8小片～12小片、芹菜1大把、蒜頭、辣椒、醬油、海鹽各少許

作法：

1. 豆乾切片，芹菜洗淨切段（芹菜葉也可以吃喔），蒜頭、辣椒切末。

2. 加約10CC的椰子油或豬油，把蒜頭、辣椒先爆香，再放入豆乾翻炒。等豆乾有點香味出來，放入芹菜一起炒，再加入少許醬油、海鹽調味。

3. 翻炒到芹菜變軟就可以，芹菜生吃也沒問題，我是大火翻炒到芹菜有變綠，試吃一下味道就起鍋了。

小TIP：

因為芹菜較寒，所以坐月子的女生要注意，不要吃太多芹菜，像我就會加入比較多的蒜、辣椒等辛香料，可以中和一下寒氣。

西芹炒雞胸 　一人份約220大卡

　　雞胸肉便宜又營養豐富，只有一點小小的挑戰，就是比較不容易做得好吃，這道西芹炒雞胸肉就是簡單又美味，而且富含纖維質跟蛋白質的營養低卡料理～

　　這是從媽媽平常做菜的靈感變化而來的，其實只要避免過多的油，很多傳統的家庭菜色也是可以很健康、低熱量又營養的，而且我們還可以利用西芹的香氣提味，除了鹽巴，我完全沒有放別的調味料就非常好吃，大家一定要試試看。

料理方式：炒
料理鍋具：炒鍋或平底鍋
準備材料：西芹適量、雞胸肉200克、椰子油、海鹽

作法：

1. 西芹切小段，雞胸肉切小塊用蛋白醃一下，西芹切好後可以稍微泡一下水，讓它更軟嫩。

2. 熱油後，把雞胸肉放進去煎炒，喜歡蒜頭的也可以加入蒜頭爆香一起炒。等雞肉表面都煎炒到微微金黃時，放入切好的西芹，加點海鹽一起拌炒。

3. 因為西芹很爽脆，只要把西芹的香味炒出來就可以，喜歡吃脆的就不用炒太久，喜歡吃軟的就可以稍微燜一下，這樣就完成囉！

小TIP：
超市有賣切好條狀的雞里肌，先用蛋白醃過會嫩一點，家裡沒椰子油，改用雞油、奶油、牛油甚至苦茶油都行，可以耐高溫的油就好了。

涼拌泡菜雞肉絲 一人份約150大卡

　　很多韓國明星保持身材的食譜裡，一定有雞胸肉。去皮的雞胸肉幾乎是零脂肪，加上有完整的蛋白質，可以當主食、配菜，幾乎沒有人不吃雞胸肉，但早期的作法是雞胸肉汆燙後加點鹽巴吃，雖然也不會很難吃，只是這樣子的調理方式比較單調，不適合長久食用，就來試試多些變化。

　　涼拌泡菜雞肉絲，看起來是不是超下飯啊！這道料理完全沒有油，我買的泡菜也不辣，其實很清爽喔，喜歡辣的人可以再加點辣椒。

料理方式：水煮

料理鍋具：湯鍋

準備材料：去皮雞胸肉一副（超市跟市場都有買，雞里肌跟
雞胸肉是一樣的）、現成的泡菜30～40克（發酵
食品比較沒那麼多化學調味料）

作法：

1. 把雞胸肉洗淨後，用我教的水煮嫩雞胸方法燙熟（如果沒
湯鍋，也可以用電鍋蒸熟）。

2. 雞胸肉取出放涼，泡冷水或冰水也可以，用手把雞胸肉撕
成條狀，也就是撕成雞胸肉絲。

3. 雞肉絲加點海鹽調味，再把泡菜混入雞肉絲一起攪拌均
勻，喜歡吃辣的可以加入喜歡的辣油或香油，像我就有再
加一點點翊家人滷味的辣椒醬提味。

小TIP：

全程都不需要動刀，請別再說自己不會做菜了，那麼簡單的一道料理，你也趕快試試看吧！

全麥薄餅雞胸肉手捲　<small>一人份約200大卡</small>

　　很多外食的休粉覺得要自己準備食物不方便，或者是準備好了帶到公司無法加熱，於是放棄控制飲食這件事。其實只要善用材料，料理新手也可以爲自己準備超棒的減脂餐。

　　一休提倡的健康吃飽減肥法，每一餐都要含有大量的纖維質、足量的蛋白質、適量的不精緻澱粉，以及少量的好油脂。

　　全麥薄餅皮一片約115大卡，是減重時碳水化合物的好選擇之一。生菜基本上是吃再多都不用計算熱量，蔬菜裡都含有很多的維生素跟植化素，對健康非常有益，大量的纖維質減緩食物在胃裡消化的速度，等於減緩血糖上升的速度，降低胰島素的分泌，熱量不易屯積轉化成脂肪。番茄有豐富的茄紅素，天然的酸甜滋味，吃起來很清爽。小黃瓜的維生素C含量豐富，纖維質抗氧化，吃起來清爽脆口。甜椒也是非常營養豐富，爲這道料理增添更多滋味。去皮的雞胸肉含有豐富的蛋白質，幾乎零脂肪。雞胸肉用煎的、蒸的、烤的都可以喔～

料理方式：煎 🍳
料理鍋具：平底鍋 〰️
準備材料： 生菜100～150克、番茄適量、小黃瓜1條、雞胸
　　　　　　肉150～200克、莎莎醬適量

作法：

1. 熱一點橄欖油或奶油、椰子油，雞胸肉太厚可先片薄一點，記得下鍋前先把水擦乾，雞肉才會煎得香。先用大火煎1～2分鐘，再翻面蓋鍋蓋，小火煎10分鐘即可。

2. 全麥餅皮先放入平底鍋烘烤一下，拿一片全麥餅皮，取一片生菜，放上適量剝好的雞胸肉，再放上適量的番茄（切片）跟小黃瓜（切長條），也可依喜好加一點莎莎醬。

3. 將餅皮捲起來，把所有食材放在餅皮的同一邊，這樣會比較好捲～

小TIP：

可以撒上各式你喜歡的辛香料，或加一點點市售的芝麻醬、莎莎醬，這道料理就含有一休強調的所有減重時需要的營養素，這麼簡單方便，請務必嘗試看看喔！

豆腐蒸鯛魚 —人份熱量約180大卡

懶人如我，覺得料理後要洗鍋子是一件頗麻煩的事，這時簡易的電鍋料理就派上用場了。

豆腐跟魚幾乎是我每天都要吃的東西，鯛魚的蛋白質含量高、油脂低、熱量低，我就想可以把這兩樣食材結合在一起蒸煮。

平常去餐廳吃一道蒸魚都要三、四百元起跳，而且餐廳為了讓食物美味總會淋上大量香油，無形中也把熱量拉高。我們何不自己在家動手做這道簡單又營養的低卡美食！

料理方式：蒸
料理鍋具：電鍋
準備材料：鯛魚1片、豆腐半盒、老薑片、蔥末少許、蒸魚
　　　　　　醬油、米酒、白胡椒粉少許

作法：
1. 豆腐切片鋪在盤底。
2. 鯛魚表面畫刀，撒上白胡椒粉。
3. 把鯛魚放在豆腐上，倒米酒跟蒸魚醬油（一般醬油也可），然後鋪上切好的老薑片。
4. 外鍋倒兩杯水，放入電鍋蒸，等電鍋跳起來，撒上蔥花就完成了，再加點黑麻油會更香。

 小TIP：

豆腐記得要選非基因改造，選嫩豆腐不要選雞蛋豆腐，鯛魚片一般超市或傳統市場都有賣，一片約100～120克，喜歡再重口味一點的，切點辣椒跟醬油拌一拌，再倒到鯛魚上一起蒸，也很過癮！

DAY
18

蝦仁烘蛋 一人份約150～180大卡

很多年前,我跟爸爸一起去中國大陸,我爸忙著做生意,雖然有請阿姨煮飯,但我一個小毛頭整天無事可做,便自告奮勇說要做菜,我上網查了蝦仁烘蛋的作法,第一次做就大成功!以前我總覺得蝦仁烘蛋是餐廳料理,原來在家裡也可以輕鬆做出來。

或許有讀者會質疑,烘蛋不是要用很多油嗎?怎麼會是減肥菜呢?其實只要用不沾鍋,就不必放這麼多油,就算在減肥,還是可以放心享用。為了避免買到不新鮮或摻藥的問題蝦仁,我都是買活蝦冷凍後再剝殼使用。

一個烘蛋大概用五顆蛋,加上蝦仁和油,熱量也差不多只有500大卡,一家子分一分也沒多少,誰說減肥就不能吃烘蛋呢?

料理方式:煎炒

料理鍋具:平底鍋

準備材料:蛋5顆、蝦仁適量、水或高湯100CC、鹽、米酒、蛋清、白胡椒粉少許

作法:

1. 蝦仁先用適量鹽、少許米酒、蛋清、白胡椒粉醃好。
2. 蛋先打散,之後加入高湯或水100CC（加水的話就加點海鹽調味,加水或高湯的目的是讓蛋烘起來比較滑嫩,不會乾乾硬硬,也讓蛋比較厚實,製造烘蛋的膨鬆感）,再把蛋液攪拌均勻。
3. 加約5～10CC好油,把蝦仁炒至七八分熟,倒入蛋液。
4. 先用中火讓底部稍微成型,再開小火慢慢烘,記住不要一下鍋就攪拌或翻動,讓蛋慢慢烘約3～5分鐘,火不要太大以免底部燒焦。
5. 等邊緣感覺開始收乾,就可以翻面,用小火再烘一下就成型了!

小TIP:

要怎麼翻面才能維持圓滿漂亮的形狀?我都是拿一個大盤子蓋在蛋上,翻轉鍋子把蛋倒扣在盤子上,再把蛋滑回鍋中,煎熟另一面,如此就可以輕鬆煎出相當唬人的專業烘蛋了。

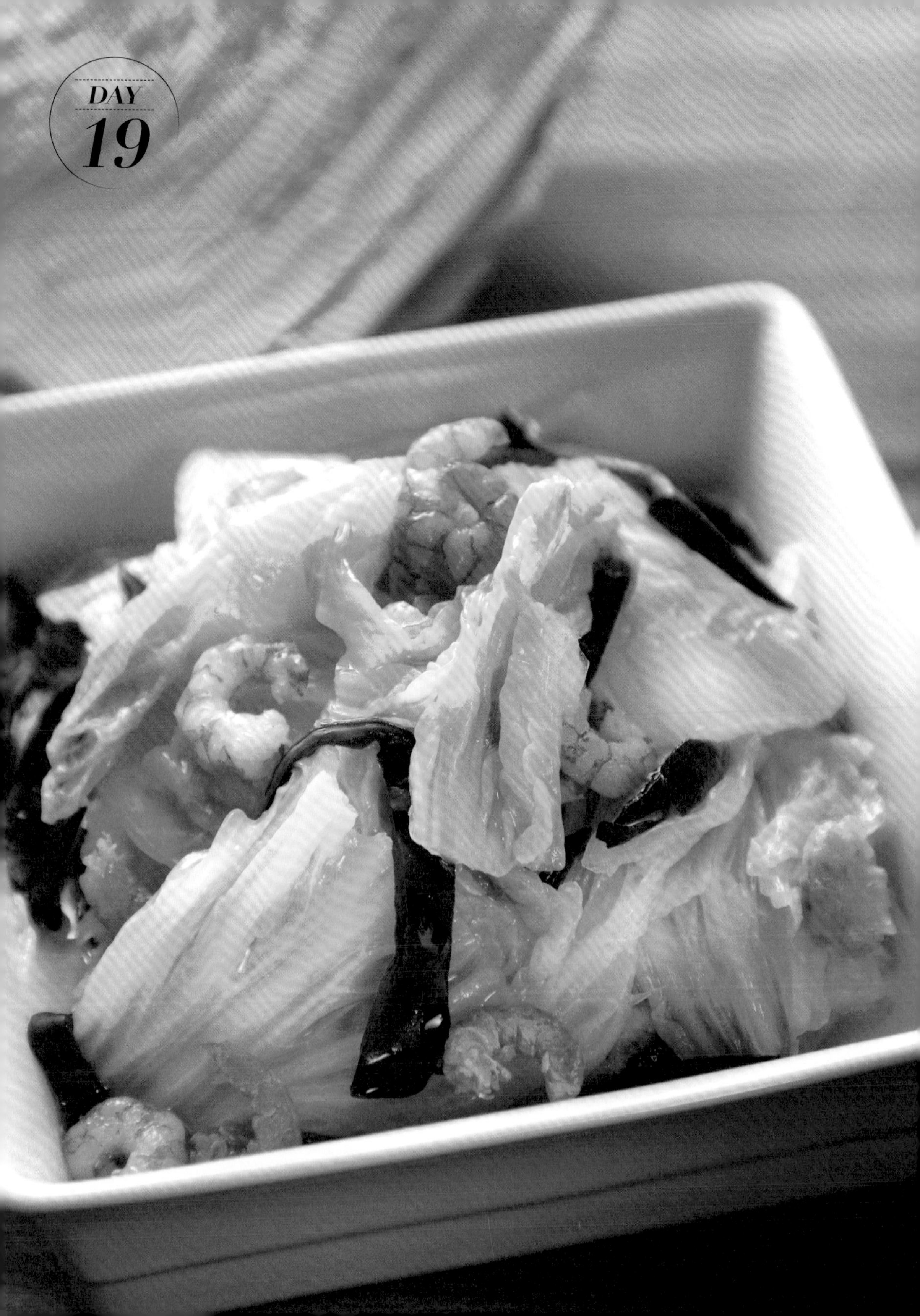
DAY
19

白菜滷 　一人份約120大卡

天氣轉涼時，來一碗熱呼呼的白菜滷實在是很享受的事。一休很喜歡吃白菜滷，不過傳統的白菜滷通常都滿油的，加上有些會加很多炸豬皮，不太適合大量食用。跟大家分享，如何簡單製作好吃又低卡的白菜滷。

白菜在當令時正便宜，也是做白菜滷的好時機，一休教的是簡易版，想吃豐盛一些，也可加入香菇、干貝、紅蘿蔔絲，就會增加更多香氣跟顏色，是大魚大肉之後，很清爽又好吃的一道高纖料理，減重時也可以大口的吃自己煮的白菜滷，推薦大家試試不一樣的白菜滷喔！

料理方式：燜煮

料理鍋具：有蓋子的湯鍋或電鍋

準備材料：白菜1～2顆、椰子油10CC、木耳適量、
　　　　　　金勾蝦10～15克、蝦仁10～15隻（也可以
　　　　　　放豬肉絲）、海鹽少許

作法：

1. 把白菜切塊、木耳切條。
2. 在鍋底加入椰子油、海鹽。
3. 把白菜、木耳、金勾蝦放入，最後再放入蝦仁。
4. 開最小的火，之後大約燜30分鐘即可。

小TIP：

1. 注意不要開大火，最小的火就好，避免燒焦，如果用電鍋蒸煮，在外鍋加兩杯水即可。
2. 這道料理不用加任何水，白菜本身就會出水，加上鍋蓋燜煮的水蒸氣就會有足夠水分。

20

肉蛋吐司 一人份約420大卡

　　早餐吃吐司是很多人的選項，一般早餐店的肉蛋吐司約600大卡，再配一杯奶茶就要700～800大卡，熱量太高又太油，肉也醃太鹹，我不喜歡。想吃時乾脆自己DIY一份健康又好吃的，不是更好嗎？

　　早餐是吃澱粉的最好時機，碳水化合物可以讓人身心都滿足並充滿力氣。自製的肉蛋吐司，重點在於不需要塗上厚厚的美乃滋，只要有好吃里肌肉跟炒蛋，再加一點點鮮奶讓口感更滑順，就是兼具碳水化合物跟豐富蛋白質的優質早餐喔。

　　熱量不高，蛋白質也很足夠，可以再搭蘋果或生菜沙拉補充纖維質，配無糖熱紅茶或黑咖啡，就是一份健康、低卡、有飽足感，還會越吃越瘦的早餐喔！

料理方式：煎、炒

料理鍋具：平底鍋

準備材料：吐司一片（全麥最佳）、蛋1-2顆、豬里肌一片約80克、海鹽、鮮奶、椰子油少許

作法：

1. 把蛋打散，蛋裡加一點海鹽跟鮮奶，加入5～10CC椰子油（或奶油、橄欖油都可）把蛋炒到金黃色。
2. 里肌用一點醬油、胡椒抓一抓，再下鍋煎熟，這時可以順便烤一片吐司。
3. 等吐司烤好，就把煎好的里肌、炒蛋，或任意你想加的蔬菜依序放上去。
4. 也可加入喜歡的辛香料，例如咖哩粉、胡椒等各式香料都很棒。

 小TIP：

1. 因為要求低卡，所以吐司沒有夾兩片，一片約100～140大卡，依大小跟品種不同，全麥吐司是最好的選擇。但如果不是全麥，有優質蛋白質、好油、纖維質，一片白吐司不會有什麼影響，也是OK的。
2. 可買現成的里肌肉回來煎，像我都是用自己家在賣的翊家人滷味的秘製排骨，隨時想吃就可以煎幾片來吃，也很方便。

地瓜煨雞 　一人份約330大卡

　我非常推薦在減重期間用地瓜來取代白飯，地瓜跟糙米飯一樣都是優質的複合式澱粉，還有豐富的膳食纖維、維他命B群、鈣質、鉀質，和少許優質蛋白質，料理方式也有許多變化。

　這一道有雞腿肉（蛋白質）、地瓜（碳水化合物）、紅蘿蔔、洋蔥，基本上就可以當一餐來吃，不用再另外配飯了！

料理方式：煎煮

料理鍋具：平底鍋

準備材料：雞腿肉1隻、地瓜1顆、洋蔥1顆、紅蘿蔔1小條、辣椒、蔥、蒜頭少許、椰子油

調味料：醬油、水、白胡椒少許

作法：

1. 雞腿肉洗淨後汆燙備用，地瓜、紅蘿蔔切塊，洋蔥、辣椒、蔥切段，蒜頭不用切，整顆丟進去就好。
2. 調醬汁，只用醬油、水、胡椒，地瓜本身就會甜，不用再加糖，醬油跟水約1：3的比例。
3. 加約5～10CC椰子油或橄欖油把辣椒、蔥花先爆香，再放入雞腿肉略煎至金黃，再把醬汁倒入，把地瓜、紅蘿蔔、洋蔥、蒜頭一起放下去。
4. 煮滾後調成小火煨約10分鐘，就可以起鍋了。

小TIP：

地瓜是好的碳水化合物，雞腿是優質的蛋白質，洋蔥也有纖維，另外燙點青菜，就可以當成一道主食，而且煮多一點，還可以分兩三餐吃，也是很方便的燉煮料理喔。

掃QR Code看影片解說

嫩煎雞胸肉　一份約150～180大卡

　　之前分享過水煮雞胸肉的食譜，這裡就來分享一道方便又很好做的嫩煎雞胸肉。

　　以前我非常不喜歡吃雞胸肉，因為我覺得雞胸肉很乾、不好吃，早期也嘗試過煎雞胸肉，但是因為雞胸肉比較厚，常常煎熟後雞肉就會變得很乾柴，雖然我還是會吃，但老婆小孩就不愛吃。這裡要來教大家一招，非常簡單又不用借助任何外力，就可以煎出好吃軟嫩的雞胸肉。

料理方式：煎

料理鍋具：平底鍋

準備材料：雞胸肉、海鹽、椰子油（可用可不用）

作法：（簡單到你不敢相信）

1. 先熱鍋，放少許椰子油，把雞胸肉較厚的部位片薄後，兩面先撒上海鹽。

2. 等鍋熱後，把雞胸肉放進去，大火煎1分鐘（如果不嫌麻煩，也可以先用蛋白跟鹽水把雞胸肉抓醃5分鐘再煎）。

3. 大火煎一分鐘煎出香氣後，把雞胸肉翻面，關小火，蓋鍋蓋燜10分鐘（也可以加入蒜頭一起煎）。

4. 10分鐘後，金黃好吃的嫩煎雞胸肉就完成啦（鍋裡剩餘的天然雞汁記得淋到雞肉上喔）。

小TIP：

大火煎出雞肉的香氣，小火把雞胸肉燜熟，就可以吃到外香內嫩的嫩煎雞胸肉啦。不需要加什麼嫩精或任何其他方式，也能吃到又香又嫩的乾煎雞胸肉喔～

紅燒煎鯛魚佐嫩豆腐 一人份約220～250大卡

鯛魚跟豆腐在減重料理出現的機率很高，豆腐是很好的食材，可以涼拌、煮湯、紅燒都很好吃。板豆腐跟豆皮的蛋白質最豐富，但我比較常吃嫩豆腐，因為口感比較滑嫩，水分比較多，熱量也較低。

我們可以來點變化，把煎台灣鯛魚跟紅燒嫩豆腐結合起來，不但富含蛋白質，一大盤只有380大卡，是低熱量、入味又下飯的料理。

一休可是第一次試做就成功，一個人吃完一整盤都沒問題，你們也試試看吧。

料理方式：煎炒 🍳

料理鍋具：平底鍋

準備材料：台灣鯛魚1～2片，嫩豆腐半盒或1盒，芹菜、
　　　　　　蔥、蒜、辣椒少許

調味料：醬油、海鹽、水調和成1小碗備用，不用太鹹，水
　　　　　可以放多一點。邊調邊試味道，每個人愛的鹹淡不
　　　　　同，自己覺得OK就可以了。

作法：

1. 鯛魚稍微清洗過，如果怕腥，可以在鯛魚上抹一點米酒，撒一點海鹽。

2. 加約10CC橄欖油入鍋煎，請特別注意下鍋後不要馬上翻，開中火煎幾分鐘，等到有一點焦香味就是煎好了，再翻面煎至兩面金黃色。

3. 在煎鯛魚的期間可以邊備料，把豆腐取一半切片，不用切太薄，把芹菜、辣椒切段，蔥、蒜切末。

4. 煎好的鯛魚先取出備用，再放約5CC橄欖油，把切好的蔥蒜跟辣椒一起入鍋簡單翻炒爆香，再把剛才切好的嫩豆腐入鍋稍微煎一下。

5. 倒入調味好的醬汁，再把剛煎好的鯛魚切小塊或用手剝塊放入，最後加入切好的芹菜輕輕拌炒，蓋上鍋蓋燜2～3分鐘就可以了。

DAY 15
延伸料理

涼拌泡菜豆皮 — 人份約220大卡

這道簡單又好吃的涼拌料理，很適合夏天食用。

豆皮是素食者滿不錯的蛋白質來源，就算一般人當成蛋白質補充也滿好，做好後把豆皮泡菜冰鎮，當成佐餐的小菜很棒！熱量低又營養，不管吃素或沒吃素的朋友，都很適合的減重料理～

料理方式：煮

料理鍋具：湯鍋

準備材料：生豆皮數片、泡菜30～50克（素食者請選素食泡菜）

作法：

1. 生豆皮先放進滾水裡煮過。
2. 放涼的豆皮切成自己喜歡的塊狀。
3. 把泡菜跟豆皮拌在一起就可以了。

蚵仔煎蛋 —人份約150～180大卡

蚵仔也是很適合減重時吃的食材，有豐富的蛋白質、好的脂肪，以及豐富的鐵、鋅、鈣，有海中牛奶之稱。

外面市售的蚵仔煎是用太白粉勾芡去做，很容易吃進太多碳水化合物，所以要來跟大家分享如何在家自己做好吃的蚵仔煎蛋。這篇看完你可以學會：

1.煎出漂亮不破的蚵仔煎蛋。
2.可以吃到既健康又低熱量的蚵仔煎蛋。
3.蚵仔愛放多少都沒人管，可以蚵仔吃到爽。

料理方式：煎

料理鍋具：不沾鍋

準備材料：蛋2～4顆、蚵仔100～200克、九層塔少許、玉米粉少許、海鹽少許

作法：

1. 把蚵仔先用玉米粉抓一下，之後鍋子加入5～10CC椰子油，把蚵仔放下去兩面煎黃。
2. 把打好的蛋液（先用鹽巴調味一下），直接倒入煎好的蚵仔裡。
3. 把切碎的九層塔撒到蛋上，取一個大盤子蓋住上面不熟的蛋，然後翻面。
4. 再等另一面煎到焦香味出來，即可起鍋。
5. 最後再撒上少許九層塔就完成囉～

雞胸肉生菜沙拉 一人份約300大卡內

我跟老婆都很喜歡吃蘿蔓心，不過以前我是洗乾淨就直接吃，但老婆可能覺得這種吃法跟兔子或天竺鼠沒什麼兩樣，於是我精心設計了一道「一秒擄獲老婆心」的精緻沙拉。

讓樸素生菜華麗變身的關鍵食材就是：香煎雞胸肉！若怕雞胸肉太澀，煎之前可以先用刀背拍一下，再片薄一點，煎成表面金黃色後，剝絲鋪在沙拉上，點綴幾顆小番茄，瞬間就讓沙拉有了高級感。調味方面，我喜歡加海鹽和黑胡椒，老婆則喜歡胡麻醬，你也可以淋橄欖油和紅酒醋調製的油醋醬，雖然胡麻醬或油醋醬的熱量比單純的鹽高，但只要量控制在10CC以內即可。

為了增加好感度，我還特地買了木製沙拉碗，果然我老婆看了以後芳心大悅，還馬上拿出手機來拍照，嘿嘿，可讓我得意的呢！

料理方式：煎

料理鍋具：平底鍋

準備材料：雞胸肉100～150克、蘿蔓心100～200克、小番茄一把（或加上你喜歡的蔬菜）、海鹽、黑胡椒少許（或沙拉醬10CC以內）

作法：

1. 熱5～10CC橄欖油或奶油、椰子油都可，雞胸肉太厚可以先片薄一點，記得下鍋前要先把水擦乾，雞肉才會煎得香，先用大火煎1～2分鐘，再翻面蓋鍋蓋，小火煎10分鐘即可。
2. 蘿蔓心洗淨後切小段，小番茄切半，放入木碗或圓盤內。
3. 把煎好的雞胸肉剝或切成自己喜歡的大小，擺在生菜上，適量撒上海鹽、黑胡椒，或是喜歡的沙拉醬或調味料，量請控制在10CC內就好。

小TIP：

1. 這道沙拉的元素就是雞胸肉跟任何生菜類都可以，雞胸肉是優良的蛋白質，生菜有足夠的纖維質跟營養，只要再加個地瓜或馬鈴薯，就是很完整的一餐囉！
2. 比較費工的還可以加入紫洋蔥、蘋果丁、花椰菜、紫生菜等，讓它看起來更厲害、更專業！

紅燒嫩豆腐佐菇菇 —道約250大卡

豆腐是減重中最好的食品之一，有蛋白質、碳水化合物和豆類的油脂，便宜又有飽足感。一般超市或任何便利商店都買得到，記得要買非基因改造的黃豆，不要吃任何有基因改造的食物，玉米也是。我最常吃的就是嫩豆腐，配醬油膏就很好吃，也是不方便自己開伙的人很好的選擇，偶爾來點變化做個紅燒嫩豆腐佐菇菇。

材料沒有一定要怎麼配，因為芹菜很香，跟醬味很合，我就一起放進去煮，要加不加都可以喔。

料理方式：煎炒

料理鍋具：平底鍋

準備材料：一盒嫩豆腐、辣椒1根、蒜頭數瓣、鴻喜菇半朵、芹菜少許

調味料：醬油、水調在一起，可加少許太白粉，自己試一下味道覺得鹹甜味剛好就行

作法：

1. 嫩豆腐切塊，可以把豆腐外包裝拆開後反倒在手上，再用刀子輕輕順著豆腐底部的紋路畫，切成塊狀就好。

2. 菇菇底部切掉，用手撕成一朵一朵，芹菜切小段，辣椒切片，蒜頭切小塊或蒜末即可。

3. 鍋內加約10CC椰子油，切碎的蒜末跟辣椒先放進去炒香，再小心放入切好的豆腐，可以用手小心地將一塊一塊放入平鋪在平底鍋上，用中小火稍微乾煎一下。

4. 把調味好的醬油倒入，再把剛才準備好的鴻喜菇跟芹菜放入，輕輕翻炒，蓋上鍋蓋用小火燜約5～8分鐘，起鍋前再開大火稍微讓湯汁收一下就可以了。

掃 QR Code 看
影
片
解
說

親子丼 一人份約500大卡

對減肥的人來說，坊間親子丼有兩個缺點：一個是使用高GI值的白飯，另一個則是口感普遍偏甜，可能添加砂糖或太多味霖，對減肥者或有血糖困擾的人不利。

我的改良版親子丼採用帶皮的雞腿肉，也因此，我不會再另放油脂，只要把雞皮朝下放入平底鍋，就可以煸出雞油，你可能會很驚訝，光是一支雞腿就可以煸出許多雞油，這些油脂已經足夠。

一休式的親子丼還有個特色，就是含有大量纖維質。我會利用剛剛煸出的雞油，炒香洋蔥、黑木耳、鴻喜菇等蔬菜，用醬油提香以後，放入雞腿肉跟打散的雞蛋，鋪在熱騰騰的糙米飯上，就是熱量不到500大卡、又營養豐富的親子丼。喜歡吃辣的人，還可以灑上一些辣椒粉增加風味喔。

料理方式：煎炒 🍳

料理鍋具：平底鍋 🍲

準備材料：去骨雞腿肉1份（連皮約240克）、全蛋2顆、洋蔥半顆、木耳、金針菇、鴻喜菇少許

醬汁作法：和風醬油、米酒、清水以1：1：1調和，加入少許海鹽

作法：

1. 將雞腿肉的雞皮朝下放入鍋中，煸出雞油後，留下約5CC，雞腿肉取出切塊備用。
2. 洋蔥、木耳切條狀，放入鍋中跟雞油一起炒香。
3. 雞腿肉、菇類依序加入，再加入調好的醬汁並蓋上鍋蓋煮開，倒入打散的蛋液，再燜約15秒。
4. 盛到飯上，再撒上蔥花就可以享用囉！

 小TIP：

1. 雞腿肉若不用煎的，也可切成塊狀後先汆燙過取出備用（取代步驟1）。此時雞油可改用橄欖油代替。
2. 雞腿肉口感較好，想再低卡一點的話，也可用雞胸肉取代。

三杯鯛魚 一人份約270大卡

一休非常喜歡吃三杯系列的料理，尤其是媽媽用雞腿肉做的三杯雞，更是我從小到大的最愛，逢年過節一定會要求媽媽煮給我吃。

但傳統三杯料理講究的是一杯麻油、一杯紹興酒跟一杯醬油，俗稱三杯，一杯酒跟一杯醬油就算了，一杯麻油的熱量相當高，除了需要大量的油，一般作法還會加入大量的糖，讓三杯吃起來甜甜鹹鹹的，真的很好吃，可是無形中也吃進很多熱量。

一休教大家稍微改良一下作法，用簡單低熱量的方式也能吃到好吃的三杯鯛魚。

料理方式：煎炒

料理鍋具：平底鍋

準備材料：鯛魚200克、杏鮑菇100克（多點也無妨）、豬血糕少許（加或不加都可以）、辣椒一條、蒜瓣數顆、薑片少許、九層塔少許

調味料：醬油、水、米酒各少許混合

作法：

1. 將鯛魚跟杏鮑菇切塊，豬血糕切小塊，辣椒切段，蒜切末。

2. 鍋內加10CC椰子油，把蒜頭爆香後加入鯛魚塊煎到焦香，這裡要小心的是鯛魚的肉比較鬆，不要一直翻炒，就放著煎到焦香後，再換邊煎一下就好。

3. 煎好後把鯛魚先取出，再放入蒜頭、薑片、辣椒、杏鮑菇還有豬血糕一起翻炒到軟（豬血糕可以先用熱水燙過比較快軟），等炒軟後就把煎好的鯛魚放入，之後把剛才調好的調味料加入一起翻炒。

4. 翻炒到香味都出來後，最後再加入九層搭，把九層塔的香氣炒出來就可以囉！

 小TIP：

豬血糕是精緻澱粉沒錯，但適量吃沒問題的。

DAY
26

掃QR Code看
影
片
解
說

水煎蛋 —顆約80大卡

　　一休非常非常喜歡吃荷包蛋，從小到大，只要給我一顆半熟荷包蛋淋一點醬油，我就可以扒掉一碗飯！但自從知道餐廳的荷包蛋很油後，我就很少在外面吃用沙拉油煎的荷包蛋！

　　煎過荷包蛋的人一定都知道，傳統的荷包蛋要煎得好，一定都要放大量的油才會好煎，但每次要煎荷包蛋都一定要加很多油，才能煎得漂亮又不破嗎？

　　為了低卡又能吃到荷包蛋，一休學了一招，只要加點水，荷包蛋可以用少油煎得漂亮，跟大家分享如何簡單快速的做低熱量又好吃的水煎蛋喔～

料理方式：煎
料理鍋具：平底鍋
準備材料：蛋、水、椰子油（沒有椰子油，也可用少許奶
　　　　　　　油、豬油、雞油代替）

作法：
1. 在鍋內加約3CC椰子油。
2. 放入雞蛋約煎30秒後加水。
3. 蓋鍋蓋燜約1～1分半就完成了（熟度可以依自己喜歡的選擇）。

 小TIP：

這道料理的關鍵在利用水分半煎蒸的方式把蛋煎熟，這樣既可以有煎的香氣，又有蒸的軟嫩，我很喜歡煎兩三顆水煎蛋拌在糙米飯裡，超級好吃。

蒜香辣炒白蝦杏鮑菇 一人份約220大卡

　　撇除價格比較貴之外，蝦子是減重食材裡好吃、富含蛋白質又低脂的好食材。至於膽固醇已經不是什麼大問題，我一直強調適量很重要，好的食物只要不過量都是無妨的。

　　一般蝦子只要新鮮，用蔥薑水汆燙一下，再沾醬油、生辣椒就非常好吃了。但有時家人也想吃不一樣的味道，一休就結合杏鮑菇跟蝦子，來一道口感豐富又低熱量的蝦料理。

料理方式：炒

料理鍋具：平底鍋

準備材料：白蝦250克、杏鮑菇約150克、芹菜、蒜頭、辣椒、蔥、醬油各少許

作法：

1. 杏鮑菇切小塊，芹菜切段，蒜頭切末，辣椒、蔥切段。

2. 熱鍋，加約10CC橄欖油，用中小火先把蔥、蒜、辣椒炒香。

3. 加入杏鮑菇拌炒，加一點海鹽調味，炒到杏鮑菇有點軟化。

4. 加入白蝦拌炒，炒到蝦子變紅，再加一點醬油用大火快炒，最後再轉小火，蓋上鍋蓋燜一下就可以了。

 小TIP：

1. 白蝦比較小隻，但較鮮甜；而草蝦比較大隻，肉比較多。可依個人喜好選購。

2. 如果家裡有老公喜歡熬夜看球賽或半夜追劇肚子餓，絕對要試試這道超適合深夜小酌的料理啦～（誤）

豆漿火鍋 　一人份約400-500大卡

　　鍋物基本上算「水煮」的料理，只要選對材料，熱量通常很安全。而且鍋物因爲比起單純水煮的食物更能勾起人的食欲，作法又簡單，一鍋就可以攝取各種不同營養，可以說是超高效率的減肥美食。

　　如果你不想熬高湯，可以買罐頭高湯，或直接用水煮。搭配少許肉片，加入豐富的配料。除了泡菜鍋，我也很推薦口感濃郁的豆漿火鍋。100克豆漿約40大卡，一人份豆漿鍋約用到300～400CC豆漿，也才多120～160大卡，加上豆漿本身是不錯的蛋白質，對健康也有好處。

　　不過要注意的是，如果你有加南瓜、芋頭等，記得要算成澱粉類，小心份量不要太多。此外，千萬別在「調味料」這關破功。基本上我是不使用沙茶的，我用蒜頭、辣椒、黑醋、蘿蔔泥調成沾料，也很鮮美但熱量較低。

料理方式：煮

料理鍋具：湯鍋

準備材料：無糖豆漿、杏鮑菇（或鴻喜菇等任何菇類）、黑木耳、紅蘿蔔、凍豆腐、小白菜、里肌肉、牛肉片、雞柳或雞腿肉片、少許自己喜歡的火鍋料或其他蔬菜、鮮菇高湯或海鹽適量

作法：

1. 依人數加入無糖豆漿，5人份約1200CC（我買的是義美無糖豆漿）。加入少許鮮菇高湯或海鹽，2條紅蘿蔔削皮切塊，放進鍋裡慢慢煮。
2. 杏鮑菇切片，木耳洗淨、用手撕塊，放進鍋裡一起煮。
3. 接著放入喜歡的火鍋料少許。
4. 豆漿加熱會有泡沫，上面會浮一層很像豆皮的東西，可以邊煮邊吃喔。
5. 最後放入火鍋肉片（我買的是牛瘦肉，脂肪較少，改用魚肉跟雞腿肉也很適合）。

小TIP：

跟家人一起吃難免要放一點火鍋料，例如黃金魚蛋、魚卵、蟳肉棒等，雖然吃火鍋料不好，還是可以盡量挑選蛋白質較多、脂肪較少，以及鈉含量較低的。比起魚餃、燕餃、蛋餃或貢丸這種脂肪較高的好一些，只要把握適當份量不多吃的原則，減重時還是可以吃喔！

茄汁鯖魚燒豆腐 一人份約180～220大卡

茄汁鯖魚罐頭是滿容易取得又很不錯的食材，蛋白質豐富，脂肪含量低，配上板豆腐跟木耳是絕配。

一般人要料理魚或煎魚是比較困難的，這時用茄汁鯖魚罐頭就可以方便又快速的端出一道營養又低卡的料理啦～

料理方式：煎炒

料理鍋具：平底鍋

準備材料：茄汁鯖魚罐頭一罐、盒裝傳統板豆腐半盒約200克、木耳約100克、蔥、蒜頭、醬油少許

作法：

1. 蔥蒜切末，木耳切絲，板豆腐切小塊。

2. 放10CC橄欖油或椰子油，爆香蔥蒜，再加入板豆腐乾煎一下，讓豆腐有一點焦香。

3. 等豆腐有點焦香味出來後，加入木耳，這時可以適量加一點醬油調味，稍微炒香即可加入整罐茄汁鯖魚，連茄汁都一起倒入。

4. 把鯖魚肉翻鬆，讓醬汁跟豆腐一起燴一下，如果怕太乾，可以加一點點水，燜一下即可上桌囉～

小TIP：

這道料理使用的是茄汁鯖魚罐頭，是一個方便的選擇。罐頭雖然是加工食品，不過在沒時間時偶爾用，也可以速成一道好料理喔～

DAY
30

奶油絲瓜 　一人份約120～150大卡

　　一休學習了很多有關油脂的知識，認識到像傳統的豬油、牛油、品質比較高的奶油，因為非常穩定，其實都是很好的油脂來源，而且人體對油脂的吸收分解速度最慢，這也是為什麼帶脂肪的都是低GI值食物的原因之一。

　　所以就試做了奶油絲瓜，第一次就大成功，因為李小妹平常很挑嘴，沒想到她吃一口就咪咪笑，對著我比了一個大姆指，哈哈哈。女兒喜歡，把拔當然要多煮。後來這道奶油絲瓜就常常出現在我家的餐桌上了。

料理方式：炒 🥄

料理鍋具：平底鍋 🍳

準備材料：絲瓜1條、奶油10～15克、蒜頭和海鹽少許、高湯
　　　　　　適量

作法：

1. 絲瓜削皮後對半切，再切成小段，蒜頭切末。

2. 在鍋內置入10～15克的奶油，蒜頭爆香後，加入絲瓜稍微拌炒到香味出來。

3. 拌炒到絲瓜有點光澤時，加約50～80CC的水或高湯，絲瓜會生水，所以也不用一次加太多，可以慢慢加。

4. 加入一點海鹽調味，再燜煮到絲瓜軟爛就完成囉～

 小TIP：

1. 這道料理除了絲瓜本身的清甜外，還帶有淡淡奶香，拌飯真是超級好吃，看起來很清純，但其實是邪惡的菜色，因為你會不知不覺吃下好幾碗飯，大家記得要克制一下喔。

2. 絲瓜100克約30卡，有將近4克的蛋白質，也是適合減重時食用的蔬菜。

DAY
31

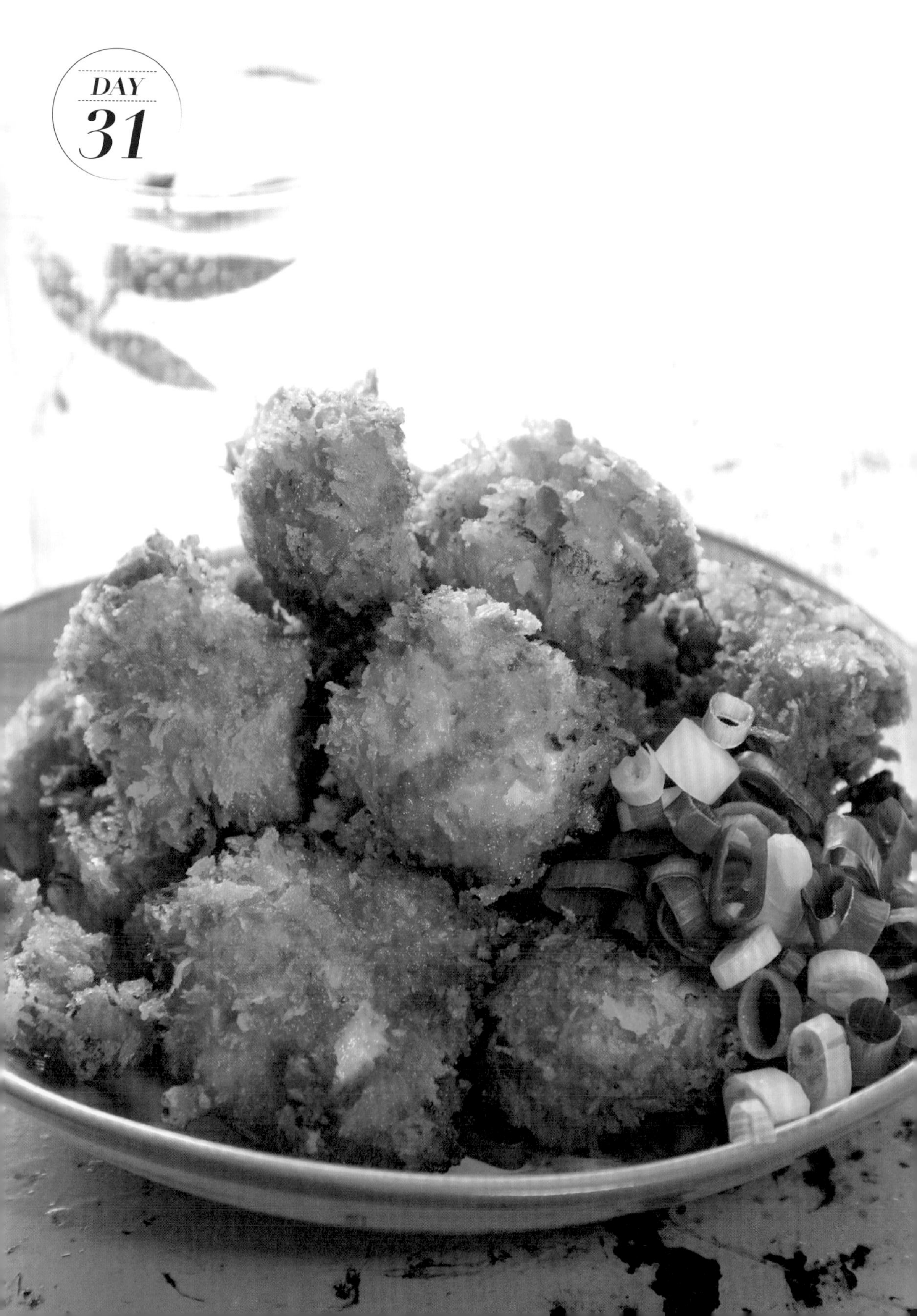

健康鹹酥雞 　一人份約150～200大卡

　　一秒擄獲我們家兩顆少女心的料理來了！一休從不藏私，跟大家分享如何簡單就能做出好吃又健康的無油免炸鹹酥雞。

　　從小我就愛吃鹹酥雞，尤其是國中放學後，一定要先去買一份鹹酥雞來吃，又或者是消夜時，一定要再來個炸雞排配大冰紅之類的組合。那時滿臉都是青春痘，根本不懂得什麼叫反式脂肪，也不知道吃到壞油對身體有那麼多的壞處，自以為是青春期症候群，現在仔細回想，應該跟飲食有很大的關係。其實到現在還是滿喜歡吃，可是開始注重油的品質，如果在外面吃到那種油耗味的，就算再香再美味，吃完後也會覺得很噁心。

　　不過那種酥酥脆脆、滑嫩多汁的口感，還是滿吸引我，既然想吃就自己做，可以吃到美味的食物又兼顧健康。我的作法不需要大量油炸，如果真的喜歡，可以加一點點椰子油或奶油，或是使用雞腿肉，本身的雞油也很充足了！

料理方式：烤

料理鍋具：烤箱

準備材料：雞胸肉300～400克（如果想吃嫩一點，可以改用雞腿肉）、全麥麵包粉20～30克（沒有的話，用白麵包或麥片打成粉也可以）

調味料：鹽、白胡椒、全蛋一顆、米酒少許

作法：

1. 雞胸或雞腿肉切丁。
2. 切丁的雞肉加入調味料一起抓醃15～20分鐘。
3. 醃好的雞肉沾上麵包粉。
4. 進烤箱用500～700w或180度，烤10～15分鐘。
5. 擺盤後撒一點個人喜好的調味粉，再撒點蔥花，就跟外面賣的一模一樣啦～

小TIP：

1. 想要帶一點點甜味，可以在調味料裡加一點蜂蜜。
2. 每個人喜歡的鹹淡不一，調味料部分一般都少許就好了，如果真的味道不夠，做好後都可以再加，也不影響口感喔。

一般外面的滷肉大概最怕的就是三點：太油，太甜，太多化學調味料，例如你不知道的秘密醬汁之類。如果有時間準備，還是自己滷安心一點。話不多說，進入正題前先來個QA。

問：滷雞腿需要去皮嗎？
答：可去可不去，我自己是沒有去，但如果你極度在意熱量，可以去，不去雞皮滷起來比較香。
問：滷東西不是都要加糖，不加糖好吃嗎？
答：好吃啊，你自己滷滷看就知道了，不加糖也很好吃。
問：那加可樂可以嗎？
答：我不太建議加啦，其實你只要原料選得好，隨便滷都很嫩很好吃。
問：還可以加什麼配料嗎？
答：我自己是加了豆乾（不太建議放油豆腐，因為是用炸的），喜歡吃蛋也可以加，如果你想要天然的甜味，也可以放一些紅蘿蔔。

家常滷雞腿 一人份約200～250大卡

　　一鍋好的滷雞腿，最重要的就是雞腿肉了，建議如果可以最好到傳統市場買仿仔雞，仿仔雞的特色是，腳骨會是黑色的。一般超市買的，比較容易有一種怪味，最好是傳統市場的為佳。

料理方式：蒸、煮、燜
料理鍋具：電鍋或瓦斯爐都可
準備材料：仿仔雞腿一支（人多可以用2支），豆乾數片，
　　　　　　滷蛋數顆，蔥、薑片、辣椒少許（可自行決定加
　　　　　　或不加），醬油、米酒、水少許

作法：

1. 把雞腿洗清切塊（如果擔心血水，可以先去血水，煮一鍋熱水，把雞肉放入約10～20秒即可取出），如果雞肉新鮮，不去血水也無所謂。
2. 取一個大小適中的鍋子，把雞肉放入鍋中，薑片、辣椒、蔥（整支不用切）也都一起放入鍋中。
3. 把豆乾或喜歡的配料一起放入鍋中。
4. 依份量不同，把醬油、米酒、水用約1：2：1的比例倒入鍋中（我喜歡米酒味所以放多一點，1：1：1也可以，口味可隨個人喜好調整）。
5. 把加好料的鍋子直接蓋鍋蓋拿去蒸，或者也可以在瓦斯爐上煮滾後立即關火，再拿去電鍋裡蓋鍋蓋蒸。
6. 外鍋放3～4杯水，蒸30～40分鐘即大功告成。

小TIP：

1. 雞腿、豆乾、滷蛋都是很好的食材，醬油本身會有少許糖分，所以不用再另外加糖。
2. 滷好的這一鍋可以分好幾餐吃喔。

培根炒高麗菜 一人份約80～100大卡

　　大部分在處理青菜時我都是用燙的，但有時候換一下口味用炒的也很不錯。

　　因為高麗菜本身就很清甜，只要加一點蒜末跟鹽巴就非常好吃，是一道很適合減重時吃的家常菜。

　　油的部分是用椰子油，減肥時不要怕吃油，適量的好油脂是非常必要的。

　　就算不是料理高手，也可以簡單炒出一盤好吃的高麗菜。

料理方式：炒

料理鍋具：炒鍋

準備材料：培根適量、高麗菜適量、蒜末和鹽巴少許、椰子油10～15CC

作法：

1. 先放椰子油，再放入培根和蒜末爆香。

2. 把洗好的高麗菜加入稍微翻炒。

3. 加入少許水後，蓋鍋蓋燜2～3分鐘。

4. 打開鍋蓋，加入適量鹽巴調味繼續翻炒。

5. 炒到自己喜歡的軟硬度，就可以上桌囉。

泡菜炒雞胸佐杏鮑菇 　一人份約180大卡

　　在減脂減重過程中，能夠吃得開心，快快樂樂的享受每份減脂餐是很重要的！我們的目的是減去脂肪不減肌肉，在一個好的飲食計畫裡，除了均衡飲食之外，一定要確保攝取足夠的蛋白質，而雞胸肉就是我們日常生活中好買、便宜又優質的蛋白質！但老實說，水煮的雞胸肉我不愛，大部分的人應該也不喜歡只啃一塊白白的雞胸肉，所以一休就教大家來做一點變化，不但好吃又營養喔～

　　泡菜是減重時的好幫手，含有豐富的維生素、礦物質、纖維質，還有天然發酵的乳酸菌，熱量又非常低！每100公克的泡菜只有約30大卡的熱量，鈉含量約600mg，只要適量攝取，一次吃180～300mg是不會太過量的。

　　杏鮑菇是一休很愛的食物，口感近似鮑魚，有淡淡的杏仁香味，所以叫杏鮑菇，含有菇類特有的多醣體，有益健康的蛋白質，而且非水溶性纖維的含量很豐富，又有蔬菜肉跟植物牛排之稱，切片後撒點鹽跟黑胡椒，用烤或煎的都很好吃！

　　把這三個很棒的食材結合起來，就變成超好吃的泡菜炒雞胸肉佐杏鮑菇！

料理方式：煎炒　🍳

料理鍋具：平底鍋　🍳

準備材料：杏鮑菇1～2朵、雞柳100克、泡菜約30克（這是一人份，如果兩人份就份量加倍）、椰子油、鹽少許

作法：

1. 雞胸肉切塊，抓一點鹽，杏鮑菇先切厚片再切成條狀。

2. 加約10CC椰子油，熱鍋後把抓好的雞胸肉下鍋，大火煎約1分鐘（用烤的也可以），翻面後一樣再大火煎1分鐘，然後轉小火，蓋鍋蓋燜約3分鐘（這樣做是可以讓雞胸肉外香內嫩）。

3. 煎好的雞胸肉取出，把切好的杏鮑菇下鍋，中火翻炒一下。

4. 待杏鮑菇有點軟化後，加入煎好的雞胸肉跟泡菜一起下鍋翻炒，加熱的泡菜味道會變得更溫潤，翻炒到顏色均勻後，蓋鍋蓋小火燜1～2分鐘就可以了（也可以撒點蔥花一起燜）。

小TIP：

超市有賣切好的雞柳，就是一條一條的那種，更方便料理喔！

番茄炒蛋　一人份約150大卡

　　番茄炒蛋幾乎是每個人從小到大都吃過的配菜之一，也相信每個人心中都有屬於自己媽媽牌番茄炒蛋，那又甜又滑的番茄炒蛋，絕對可以令人配上三大碗飯。

　　但其實大部分餐廳的番茄炒蛋，為了要讓你覺得好吃，都添加了很多糖跟番茄醬（而且還勾芡）。對於要減重的人，我們不建議在飲食中添加額外的糖分（少量可以），盡量從天然食材裡攝取。

　　這裡教大家做的是很簡單就可以吃出食材原味，營養滿點又口感滑溜的番茄炒蛋（低卡就不用說了）。

料理方式：炒

料理鍋具：不沾鍋

準備材料：牛番茄三顆、蛋三顆、高湯、蔥和蒜少許、海鹽、橄欖油、醋（醋可加或不加）

作法：

1. 把番茄切小塊（去皮或不去都可，如要去皮，可以先在番茄底部畫十字後汆燙再泡冷水，即可快速去皮），蒜切末，蔥切段跟蔥花備用。

2. 加入約10～15CC的橄欖油至不沾鍋裡，放少許蔥段跟蒜末炒香，加入切塊的番茄丁拌炒，以海鹽、少許醋（可依個人口味加或不加）調味，再倒入約30～50CC的高湯，開小火燜煮約三分鐘。

3. 把蛋打散，加少許的水和海鹽，再均勻倒入燜煮的番茄裡（蛋液裡也可以加入少許高湯，有些作法蛋會另外炒，不過我喜歡滑嫩口感，而且不用再洗鍋），記得蛋液入鍋後不要馬上攪拌，讓蛋液滾一下，等蛋液開始呈半熟狀，加入蔥段輕輕攪拌後即可盛盤上鍋（盛盤後可以灑一點蔥末會更漂亮好吃喔～）。

小TIP：

番茄也是非常健康的超級食材，有時像南部人一樣，把牛番茄切塊，沾一點蒜泥薑末醬油膏，也是在肚子餓時可以當成點心吃的一道料理喔～

蝦仁滑蛋 — 一人份約200大卡

　　這道媽媽私房菜，是之前直播時線上3千人以上觀看的熱門菜色，其實是我岳母每逢請客或逢年過節時，一定會上的一道好菜。

　　使用的是富含新鮮海味跟豐富蛋白質的超級好食材「蝦子」，還有我們的減脂食譜裡很愛使用的蛋，另外還加了一點牛奶，這些非常簡單的食材，就可以做出一道讓你巴不得把盤底都舔乾淨的蝦仁滑蛋。

　　前面提到，蝦仁、蛋、全脂牛奶等都是非常好的食材，傳統的減脂觀念裡只能吃水煮蛋跟水煮雞胸肉，偶爾一兩餐這樣吃可以，長期這樣吃幾乎是不可能的任務。

　　所以一休教你的終極方式，就是只要把這些好食材的元素，善用一些料理小技巧，就可以讓你開心的吃，開心的瘦，還能一直維持不要復胖（不復胖才是最難的一件事）。

料理方式：煎炒
料理鍋具：不沾鍋
準備材料：新鮮蝦仁200～300克（最好是買活蝦回來剝，可
　　　　　　以跟老闆說買半斤）、全蛋4顆、全脂牛奶約50～
　　　　　　100CC、蔥段、蒜末少許、海鹽、白胡椒粉、椰子
　　　　　　油或橄欖油

作法：

1. 把剝好的蝦子（蝦子有保留蝦膏為佳）加少許海鹽、白胡椒粉抓醃後靜置10分鐘。

2. 把蛋加入少許海鹽、牛奶一起攪拌備用。

3. 取不沾鍋，先加入約15CC的椰子油，熱鍋後加入蒜末拌炒，炒成金黃色後取出（留著也可，主要要蒜油香氣），之後加入蔥白再炒一下，即可把醃好的蝦子入鍋。

4. 蝦入鍋後不要馬上翻動，先讓蝦子香煎一下，等香氣都出來後再開始翻炒（這時其實已經可以當一道菜吃了）。

5. 等蝦子八分熟後，即可倒入蛋液（記得這時要轉小火），倒入蛋液後也不要馬上攪拌，等到蛋液呈半熟後，即可把剩下的蔥綠加入拌炒，然後再試一下味道，如果覺得味道不夠，再加一點白胡椒粉跟鹽調味就完成囉～

 小TIP：

蝦子本身就是一種很好的食材，拿來拌炒、煎、烤，或是水煮，都非常好吃營養，也是冰箱可以常備的食材之一喔～

家常炒冬粉 一人份約200大卡

　　媽媽私房菜又來啦，炒冬粉也是經常在家庭餐桌上出現的一道菜。

　　傳統我們都是把炒冬粉當配菜，等於是吃白飯配炒冬粉，其實這樣在減重觀念裡是不對的，因為冬粉也是屬於澱粉類（是綠豆做的），而且嚴格上來說算是精緻澱粉。

　　那減重的人難道就一輩子就再也不能吃冬粉嗎？這時其實只要搭配好油和大量纖維質，因為纖維跟油脂一起食用，能減緩消化速度，血糖也會相對比較平穩，所以想吃冬粉、炒飯時，搭配大量蔬菜就可以平衡高GI值的食物所帶來的影響。

　　冬粉100克的熱量大約350大卡，跟一般麵條差不多，不過GI值低一點，因為100克的熱量指的是乾冬粉100克，一般一人份約一束約40克左右，泡了水就會膨脹很多，所以相對吃的量就不用那麼多。而且今天這道家常炒冬粉，我們並沒有像傳統作法使用大量的油、醬等，只需要很簡單的料理方式，就一樣可以煮出好吃的炒冬粉喔。

料理方式：炒

料理鍋具：不沾鍋

準備材料：豬絞肉（雞腿絞肉也可）、冬粉、蔥花、蒜末、醬油、橄欖油約10～15CC、薑、白胡椒粉、蔥、芝麻油、水

作法：

1. 先取平底不沾鍋，加入橄欖油後，倒入蒜、薑、蔥花和絞肉拌炒，炒得有點香氣出來後，再加入少許醬油和白胡椒粉調味，之後加入一米杯半的水。

2. 加入水後再稍微燜煮（可以邊試味道，覺得不夠可再加入點醬油或鹽巴，醬油在一休的減重觀念裡是完全可以適量加的，不用擔心）。

3. 等到覺得味道差不多，即可把泡好水的冬粉加入（乾的冬粉記得先泡水約20～30分鐘讓它膨脹，如果想快一點，可以加溫熱水就可以縮短時間）。

4. 把冬粉稍微跟肉末拌炒均勻後，即可轉中小火燜煮，讓冬粉入味（這時再試一次味道，也可以加入一點辣椒醬）。

5. 等到燜煮到差不多，起鍋前加入一點純的白芝麻或黑芝麻油，最後再加入大量蔥花，攪拌一下就可以上桌啦。

小TIP：

冬粉跟之前教的炒飯、義大利麵一樣是碳水化合物，所以這一餐就不吃糙米飯，直接把冬粉當成澱粉來源，不過記得我們有控制碳水化合物的量，也不要因為美味而吃太多碗喔～

DAY
38

泡菜海鮮鍋　一人份約500大卡

　　在減重料理裡，我們使用到很多泡菜，其實泡菜不止拿來炒或涼拌，拿來煮湯也是一個非常好的選擇。

　　跟我們吃火鍋的大原則有點像，只要掌握都是使用天然食材的原則，你可以在泡菜鍋裡加入任何你喜愛的料。

　　其中我覺得泡菜跟海鮮非常搭，只要在泡菜鍋裡加點蛤蜊、蝦子，甚至干貝等，立馬讓整鍋湯的鮮度大升級，是很適合全家一起享用的暖心料理。

料理方式：煮

料理鍋具：湯鍋

準備材料：泡菜300～400克、韓式辣椒醬、蝦、蛤蜊或任何海鮮、豆腐、里肌肉片（或雞腿肉也可）、白菜、菇類（如家人共食，也可以加入適量火鍋料）

作法：

1. 用湯鍋裝1～1.5公升左右的水（也可選擇高湯或加入一塊高湯塊）。

2. 把泡菜跟白菜、菇類加入湯底。

3. 等湯底煮滾後，可以加入適量韓式辣椒醬，即可加入海鮮跟肉片開始享用囉～

小TIP：

泡菜本身就是低熱量又有味道的食材，搭配任何海鮮都非常對味，你會發現這樣的湯頭沒有加工火鍋料一樣超級好吃喔～

DAY
39

低卡鹹酥鮭魚 一人份約250大卡

　　鮭魚也是減重時可以吃的超級好食材，鮭魚不但富含蛋白質，還有豐富的脂肪，所以吃起來又香又嫩，尤其重要的是鮭魚富含超級健康的Omega-3脂肪，不但好吃，有飽足感，最重要的是可以讓你的減重更有效率。

　　這道低卡鹹酥鮭魚，是我跟一位主廚好朋友一起研發出來的偽鹹酥鮭魚，讓喜歡吃鹹酥口味的朋友，不用炸也能吃到像是炸鹹酥鮭魚的好味道，包準讓家裡的爸爸小孩配飯吃不停喔～

料理方式：烤＋炒
料理鍋具：烤箱、不沾鍋
準備材料：帶皮鮭魚200～300克、洋蔥、九層塔、蒜末、海
　　　　　　鹽、胡椒鹽、地瓜粉、橄欖油少許

作法：
1. 鮭魚切塊後，加入少許海鹽抓醃約10分鐘。
2. 抓醃好的鮭魚，表面沾上地瓜粉，再沾上橄欖油（沾少許的橄欖油是為了讓沾粉的表面有一點炸物的口感）後即可進約210度烤箱烤6分鐘。
3. 熱鍋，加入少許橄欖油，把洋蔥絲跟蒜末爆香。
4. 把烤好的鮭魚加入一起拌炒，最後再加上九層塔，灑上胡椒鹽，好吃的鹹酥鮭魚就完成啦！

　小TIP：

100克的鮭魚依脂肪量多寡不等，熱量約180～220大卡，這道鹹酥鮭魚吃起來就是像鹹酥雞，你可以加在沙拉裡，或當成一餐的主要蛋白質來源，都是非常好的選擇。

鮭魚味噌湯 一人份熱量約250大卡

味噌也是減重朋友可以吃的好食材之一，平常我很喜歡把小黃瓜沾著味噌一起吃，其實煮味噌湯也是很好的選擇，蛤蜊味噌湯、味噌蛋花湯都很不賴。

鮭魚是減重的好食材，所以如果平常煮一鍋鮭魚味噌湯，搭配一碗飯，或要做成湯泡飯，都是不錯的選擇。

料理方式：煮

料理鍋具：湯鍋

準備材料：鮭魚約200克、豆腐1塊、白菜或娃娃菜、鴻喜菇、味噌、蔥花少許

作法：

1. 先把食材切塊。
2. 取一個湯鍋加入約700CC～1公升的水，加入菜類跟菇類，煮滾後取一個小碗先用熱水把味噌拌開來，再加入湯鍋裡。

3. 如果怕鮭魚會腥，可以再熱一鍋水，把鮭魚先汆燙過再取出（若是食材新鮮，這步驟可省略）。
4. 把燙好的鮭魚跟豆腐一起加入湯鍋，撒入蔥花，好喝的鮭魚味噌湯就可上桌囉。

涼拌菠菜 　一人份熱量約60大卡

　　菠菜是很好的食材，維他命跟礦物質都豐富。如果吃膩汆燙的，其實涼拌也是很好的選擇，而且非常簡單，只要事先做好放在冰箱裡，來不及準備時，隨時都可以當成一道配菜。

料理方式：涼拌

料理鍋具：盆子或碗公

準備材料：菠菜一把（約200克）、蒜末或蒜泥少許（可加可不加）、醬油、海鹽、白芝麻油（要用純的白芝麻油不要用香油）、白芝麻少許

作法：
1. 在熱水裡加入海鹽，把洗淨的菠菜放入汆燙。
2. 把燙好的菠菜撈起、瀝乾。
3. 把蒜末（可加或不加）、白芝麻油、少許醬油、海鹽跟燙好的菠菜一起攪拌均勻，最後在表面灑上芝麻即可立即食用，或放冰箱當常備的涼拌菜喔～

 小TIP：

這種作法可代入很多不同的蔬菜，例如豆芽菜也很適合，如果汆燙好的豆芽菜加入一點韓式辣醬，馬上就變身為韓式豆芽菜，都是可以做好放冰箱的常備好料理喔～

DAY
42

白滷胛心三層肉　一人份約300大卡

前面我們提過，其實在麵攤點嘴邊肉、胛心肉、肝連肉，甚至三層肉都是不錯的選擇。像我自己個人就非常喜歡吃這些汆燙的肉，只要切點薑絲，搭配蒜蓉醬油一起吃，真的是超級好吃，而且也完全不用擔心過多的不好脂肪跟過度調味，這次就來教大家這道在家就可以自己做的白滷黑白切。

料理方式：煮 🍲
料理鍋具：湯鍋 🍲
準備材料：喜歡的豬肉類食材、米酒、薑片

作法：
1. 把水煮滾，將準備好的食材洗淨後放入滾水中（可視情況加入少許米酒、薑片去腥，如果食材新鮮也可省略）。
2. 等煮滾後蓋鍋蓋轉小火，繼續燜煮15分鐘。
3. 之後即可關火，再蓋鍋蓋燜20分鐘（怕豬肉太厚，要讓豬肉完全熟透）。
4. 燜好後，即可取出放涼，就可以切片吃啦。
5. 調味的部分，用適量的辣椒、醬油、醋和蒜頭調成沾醬。我喜歡簡單用一點辣椒醬油沾著薑絲吃，超級好吃的。

小TIP：

像這種白滷的食材，新鮮的話燙好都可以放兩三天再食用，如果吃不完的部分就先不用切，放涼後用保鮮膜包起來，等要吃時取出放常溫退冰後，再切片就可以食用了。

泰式涼拌海鮮沙拉 一人份約250大卡

我是一個重口味的人，雖然減重後口味有較清淡，但還是很喜歡酸甜辣的感覺。

這道泰式涼拌海鮮沙拉就有滿足我的需求，而且使用的都是原型、富含蛋白質又低卡的好食材，是夏天時吃一口就開胃的菜喔。

料理方式：涼拌 🥄

料理鍋具：盆子或碗公 🥣

準備材料：花枝、蝦仁、芹菜根、洋蔥、小番茄、小黃瓜

醬料：醬油、魚露、檸檬、辣椒、蒜頭、赤藻糖醇（也可以用砂糖）

作法：

1. 把小黃瓜、洋蔥、芹菜切條，小番茄對半切（洋蔥可以放入冰水冰鎮去辛辣，其實其他食材也都可以一起放）。

2. 把醬料類的辣椒、蒜頭切末，檸檬榨汁（檸檬皮也可以磨一些使用）。

3. 把準備好的海鮮處理後汆燙，燙熟後可以立即置入冰塊放冰箱，讓肉質緊縮有彈性。

4. 把所有材料放入攪拌盆，把醬料依個人喜好攪拌好後（一般我是用醬油：魚露：檸檬 1：1：1），再拌勻就可以吃囉～

小TIP：

這道料理一般都會加砂糖，不過我們用赤藻糖醇（一種健康的代糖）取代，如果不很需要甜，其實砂糖也可以加少量就好，口味因人而異，怕太酸太鹹，可以先加少一點，再邊調整檸檬的酸跟甜度。

如果真的覺得調醬料很麻煩，也可以買市售的泰式酸甜醬來調。

掃 QR Code 看
影
片
解
說

低卡豆豆雞塊　一人份約180～200大卡（約6～8塊）

　　從小記得考試成績好，或有節日時，大人都會帶我們到速食店吃薯條跟雞塊。

　　李小妹當然也吃過雞塊，不要說小孩，大人也喜歡吃。不過我們其實都知道，雞塊畢竟還是屬於添加物多的油炸加工食品，不是好的食物選擇。但又不想完全剝奪小朋友想吃雞塊的樂趣，正是因為這樣的想法，延伸出了這道低卡的豆豆雞塊。

　　這道料理使用雞胸肉跟豆腐一起完成，吃起來不但熱量低，營養豐富，而且完全沒有看不懂的添加物，是李小妹最愛的爸爸料理之一。

料理方式：煎

料理鍋具：不沾鍋

準備材料：雞胸肉300克、板豆腐200克、海鹽、米酒，醬
　　　　　　油少許、全蛋1顆、橄欖油少許

作法：

1. 用菜刀把雞胸肉剁成肉泥。
2. 先把肉泥、豆腐置入調理盆裡捏碎。
3. 把調味料及全蛋放入攪拌盆裡攪拌。
4. 平底鍋倒入少許橄欖油，用湯匙把攪拌好的材料鋪平，
   再放入鍋中。
5. 下鍋後不要馬上翻動，等雞塊煎出香味後再翻面。
6. 等兩面煎成金黃，就可以起鍋囉。
7. 可以依自己喜歡口味再另外加入辣油、香料，也可以跟
   沙拉一起享用喔。

小TIP：

這道菜盡量要用板豆腐（或稱木棉豆腐），一般嫩豆腐太水會不好成型。
如果喜歡辣味，在調料裡加點辣粉一起攪拌，不小心就會變成大人口味的下酒菜XD

電鍋雞湯 　一人份約180大卡

回到家肚子餓或疲累時,可以喝到一碗熱熱的雞湯,大概是最暖心又暖胃的事。

這道雞湯,可以說是李太太的拿手料理(我絕對不會說她只會煮這道),有時她就會燉一鍋,讓李小妹放學回來可以吃,或者早上天氣冷時,也會當早餐給她喝。

雞湯裡我們通常會很簡單的加香菇(乾的跟新鮮的都加),如果想要更有飽足感,也可以加入豆腐,或新鮮的白菜、乾干貝一起燉。

真的是非常好喝,而且因為材料都是原型食材,雞湯裡含的脂肪也是好油,是一道很適合在減重時喝的湯品。另外,這道料理因為使用電鍋,也很適合沒有辦法開伙,或者是一起做很多道料理時做。

料理方式:燉、煮
料理鍋具:湯鍋或電鍋
準備材料:切塊的仿土雞腿一支(盡量可以到傳統市場買仿土雞腿,請老闆幫你切塊,如果真的沒有,也可以用超市買的切塊雞腿肉,不過可能風味會稍減),乾香菇4~6朵(最好有乾香菇,香氣才會夠,湯的顏色也才會漂亮),新鮮香菇或鴻喜菇隨意,海鹽(費工版的可以再加入乾干貝及白菜)

作法:
1. 把乾香菇泡水(泡熱水會軟得快一點),雞腿用清水洗淨(注意盡量把看得到的小血塊都清乾淨),再用熱水先燙過一次去掉血水(如果沒有辦法開伙,直接洗淨後入鍋也可以)。
2. 把洗好燙好的雞腿、泡好的乾香菇跟新鮮香菇一起放入湯鍋,加入水約3~4公升(如果用瓦斯爐,先把湯煮滾後,開小火燜煮20分鐘即可)。
3. 在電鍋外鍋加入2到3杯水,把整鍋放入燉煮即可。
4. 等跳起來,雞湯就完成了。

小TIP:

這道料理很簡單,材料的選擇很重要,最好是用仿土雞,乾香菇也買一包品質好的備用,最重要的是記得把血塊清洗乾淨,或做燙血水這個動作,湯才會清甜、不會有腥味喔~

泡菜炒豬肉　一人份約180大卡

　　這是我第一次做給岳父母吃的菜色。當時我一直苦口婆心跟他們推薦自己的飲食原則，但老人家習慣濃重的傳統口味，總先入為主覺得我的「減脂健康料理」肯定是沒什麼滋味的雞肋食物。

　　為了說服他們健康的食物也可以很好吃，我特地展示了這道泡菜炒豬肉。因為不能過油讓肉滑口，我使用了口感本來就很柔嫩的腰內肉，為了增加飽足感與纖維質，還加了杏鮑菇，這樣一大盤還不到300大卡。泡菜本來就有鹹度，我還另外放了辣椒，我岳父母一吃，大為驚艷，原來，減肥餐竟然可以這麼香辣下飯啊？雖然沒放很多油，豬肉也還是非常滑嫩嘛。

　　因為這道菜，他們慢慢開始接受我的飲食建議。如果你也想說服家人陪你一起吃減脂餐，不妨就從這一道入手吧！

料理方式：煎炒

料理鍋具：平底鍋

準備材料：洋蔥半顆、豬腰內肉150克、泡菜50克、杏鮑菇少許、蒜頭2瓣、椰子油、醬油少許

作法：

1. 杏鮑菇切片，洋蔥切長條狀，豬腰內肉切片，蒜頭切丁。
2. 先煮一鍋水，把豬肉稍微汆燙一下取出。
3. 加約10CC椰子油或其他種類的好油把蒜頭炒香，之後加入杏鮑菇略煎，再把洋蔥跟豬肉一起放入，再加一點醬油炒香，如果怕不夠入味，可加一滴滴醬油膏入味增色。
4. 翻炒一下後再加入泡菜，開大火翻炒一下，等泡菜香氣出來即可盛盤。

小TIP：

泡菜算發酵食品，對腸胃不錯，含有豐富的纖維質，熱量也很低，是減重時的好食材選項之一。

毛豆仁滑蛋 　一人份約220大卡

一休最常使用的食材之一就是蛋，各式各樣的蛋料理我都很愛，不管是炒蛋、蒸蛋、水煮蛋、荷包蛋。蛋是一個非常好的完全蛋白質，可以提供人體無法自行合成的必須胺基酸，不管是減重、增重或身體健康，雞蛋都不可或缺。

蛋黃是非常好的天然脂肪來源，含有豐富的維他命、卵磷脂。像我自己一天三餐大概會吃2～3顆全蛋。

人體80%的膽固醇是自行合成的，事實上你的膽固醇高低跟你吃進多少膽固醇的相關性很低，主要跟你失控的血糖、吃進太多飽和脂肪，以及精緻化飲食比較有關係。

毛豆仁也是非常好的減重聖品，含有豐富蛋白質、好的脂肪、碳水化合物，還含有鈣、磷、鐵等礦物質，以及維他命等維生素，適合加入任何料理或是當零嘴吃的好食物。一般餐館的滑蛋料理都使用大量的油，這裡要教大家低卡又美味的作法。

料理方式：炒

料理鍋具：平底鍋

準備材料：全蛋2～3顆、全脂牛奶100CC、剝好的毛豆仁30～40克、5克動物性奶油、海鹽、白胡椒適量

作法：

1. 把蛋打到碗裡，加點鹽巴跟白胡椒打散。
2. 在蛋液裡倒入牛奶並攪拌均勻。
3. 奶油放入鍋內，融化後倒入蛋液。
4. 使用中小火，慢慢從底部來回攪拌。
5. 待蛋液有點凝固時加入毛豆仁，再輕輕攪拌到自己喜歡的熟度即可。

小TIP：

這道料理在準備時間跟料理上都很方便，加入蝦仁就變蝦仁滑蛋，加入牛肉就變牛肉滑蛋，很適合做其他的口味變化。

終於介紹完45天的料理了，大家有沒有跟著做呢？是不是覺得眼花撩亂，而且難以想像，減重時竟然可以吃得這麼豐盛？

很多第一次接觸這個方式的人，真的都不敢相信，原來體重控制也可以有滋有味。

大家看了我的食譜介紹，是否發現一些共同的特色：都是好的天然食材、都方便隨手取得、都是很簡單又快速就可以完成的料理。食材的種類其實沒很多，但透過不同的料理方式跟使用一些調味料的技巧，或者不同食材的搭配，即使我們常常會重複吃到一些肉類，也可以讓你的體重控制生活很快樂。

所以這是為什麼一休一直強調，你的飲食一定要讓你很喜歡、很快樂，又吃得很享受，你才能持久。

減重有一個很關鍵的秘密，就是持之以恆。

一個月減1到2公斤，其實每個曾經減重過的人都可以做到吧！一點都不難對吧！

我自己減了25公斤，換算成十二個月，一個月也才2公斤多，對一般人來說其實很容易，但重點是堅持的力量。

一個月1、2公斤沒什麼，但堅持十個月，就是1～20公斤的差別，你知道10～20公斤的肥肉有多少嗎？去豬肉攤問老闆就知道。

成功是由無數看似微不足道卻正確的小事所累積起來的，不要輕忽你現在在做的小事，你的體態、你的身材，就是由這些你以為好像微不足

道的小事所累積而成。

吃一口冰不會怎麼樣，喝一杯酒不會怎麼樣，吃一次消夜不會怎麼樣，如果你不願意改變你以前在做的事，你又怎麼能期望有不同的結果？

一休介紹這45道食譜，你可以任意搭配，只要記住每一餐的五大原則：大量的纖維質、足量的蛋白質、適量的好的碳水化合物、適量的好油脂、充足的水分，都有做到就可以了。

做完45天的你，如果再配合適度運動，應該可以扎實的感受到差別了，再接下來把另一個45天也完成吧！

一週菜單示範

	星期一	星期二	星期三
早餐	無糖或低糖豆漿＋ 地瓜100克＋ 水煮蛋or水煎蛋1~2顆 依個人需要熱量及蛋白質需求增減	無糖豆漿或低糖豆漿＋ 雜糧饅頭半顆加水波蛋一顆 依個人需要熱量及蛋白質需求增減	全脂牛奶＋ 地瓜100克＋ 無調味堅果20~30克
午餐	糙米飯100~120克＋ 燙青江菜（不限量）＋ 奶油煎鯛魚（約100~150克） 依個人需要熱量及蛋白質需求增減	自製清炒海鮮天使麵＋ 燙綠花椰菜	糙米飯100~120克＋ 蒜炒高麗菜（高麗菜可加少許培根或臘肉，不限量）＋ 豆豆雞塊（約200克） 依個人需要熱量及蛋白質需求增減
下午點心 如肚子不餓就不用吃	芭樂1顆	藍莓或草莓一大把	溏心蛋1顆＋ 蘋果半顆
晚餐	糙米飯100~120克＋ 燙高麗菜＋ 泡菜炒雞胸肉150克 依個人需要熱量及蛋白質需求增減	糙米飯100~120克＋ 自製白菜滷（不限量）＋三杯鯛魚 依個人需要熱量及蛋白質需求增減	糙米炒飯100~120克＋ 泰式涼拌海鮮＋ 芹菜炒豆乾 依個人需要熱量及蛋白質需求增減
運動後點心	巧克力牛奶＋ 堅果20克 半小時內輕度運動喝水即可	低糖豆漿＋ 蛋1顆 半小時內輕度運動喝水即可	全糖豆漿＋ 滷牛腱100克（重訓版） 半小時內輕度運動喝水即可

星期四	星期五	星期六	星期日
肉蛋吐司一份（可加無糖花生醬）＋黑咖啡或茶一杯	無糖豆漿＋地瓜100克＋溏心蛋1顆＋可加任何型式的菇類及蔬菜	炒鴻喜菇＋炒蛋一份＋全麥吐司一片＋300ml無糖豆漿	一個星期排一天放假日，盡量吃自己想吃的大原則還是以原型食物為主
糙米飯100~120克＋柴魚煎蛋＋燙大陸妹＋泡菜炒豬肉依個人需要熱量及蛋白質需求增減	家常炒冬粉150克＋燙大陸妹＋蝦仁滑蛋依個人需要熱量及蛋白質需求增減	糙米飯100~120克＋綠花椰菜（不限量）＋奶油絲瓜＋自製滷雞腿	聚餐：一個星期排一天放假日，盡量吃自己想吃的大原則還是以原型食物為主
奇異果1顆＋堅果20克	小番茄1拳頭（約10顆）	無調味堅果20克如有聚餐則pass	如有聚餐則pass
糙米飯100~120克＋自製白菜滷（不限量）＋水煎蛋＋蒜香辣炒白蝦佐杏鮑菇依個人需要熱量及蛋白質需求增減	糙米飯100~120克＋木耳炒蛋＋自製健康鹹酥雞依個人需要熱量及蛋白質需求增減	自製豆漿或泡菜火鍋	嫩煎雞胸肉生菜沙拉如中午吃太飽，晚餐可以輕食解決或不用吃
無糖優格＋堅果20克半小時內輕度運動喝水即可	全糖豆漿＋水煮蛋1顆＋無調味堅果30克（重訓版）半小時內輕度運動喝水即可	無糖優格＋藍莓少許半小時內輕度運動喝水即可	建議運動休息

做自己人生的超級英雄

當我還是個胖子時，內心曾怨恨過：為什麼是我？整條街漂亮的衣服，我好像都不配穿；滿櫥窗好吃的東西，我好像都不該吃，還要被當作笑柄、取不好聽的綽號。

可是，我並沒有表現出一絲不滿，當周遭挖苦、揶揄我的時候，我甚至還會用更毒的語言，笑嘻嘻地自嘲。為什麼我要跟著別人糟蹋自己呢？因為一個開朗風趣的胖子，至少比容易惱羞成怒的胖子來得受歡迎。

大家可能以為我對身材一點也不在意，只有我自己知道，在笑容背後，我是多麼的受傷。

但走過這一切以後，如今我回想起來，反而衷心感謝自己曾經胖過，讓我有機會去征服自己。若今天的我，能夠比一般人多幾分同理心和樂觀面對問題的勇氣，以及對健康有更敏銳的覺察力，這都得感謝肥胖。

我衷心覺得，減肥這件事，不只是單純改變體重或身材而已，它甚至是一種改變人生的行動。

你或許會說：「一休哥，你說得也太誇張了吧？只不過是減肥，幹嘛上綱到人生啊？」但我一點也不覺得誇張。是

的，外表若變得好看，當然你的人生機會有可能會因此而變多，但更重要的是：

你兌現了對自己的承諾。

對許多人而言，肥胖不只是外表問題，也是一種信心危機，當你下定決心正視這個問題，並且有方法、有毅力去解決它時，這其實就是一種修練，也是一個信心重建的過程。

特別是當你不是一般的胖，而是胖到很難收拾的程度時，若你能成功擊敗它，這個勝利經驗，將會變成你未來面對其他人生挑戰時的憑據，你會記得：你曾克服自己的軟弱，做到一件非常不容易的事，這個「我可以！」的成就感會給你很多勇氣。

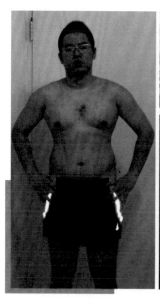 

胖子也可以變肌肉男，
還有什麼辦不到？

你會一直、一直美麗下去的

我自己就因為減肥而改變了人生。以前的我，悲觀而消極，但現在的我，明顯自信許多，結交到更多朋友，而且相信自己能夠擁有更多可能性。

這些年，有非常多粉絲看到我的文章後，也一起加入行動，有些人也願意把他們的故事分享給大家，有太多故事都證明我的想法，減肥改變的不只是外表，而是人生。

有一個休粉芷琳，她的故事就讓我非常感動。

從小習慣吃垃圾食物，少女時代就胖到110公斤的芷琳，臃腫的體型讓她徹底失去自信，自嘲「沒有青春可言」，就連父母也不敢帶她出門，怕遭親友嘲笑，因此，她有整整13年沒有拜訪過任何親戚。

因為體型太胖，她完全買不到合適的女裝，只能買男生大尺碼的衣服，下半身則只能穿媽媽特別幫她車的超大件裙子。

芷琳很幸運，有個深愛她、接納她的另一半，但當初她結婚時，因為怕找不到婚紗可穿，不但放棄了拍婚紗，而且因為自卑，怕被賓客指指點點，讓老公丟臉，她甚至不敢辦婚宴。

肥胖，讓芷琳多年來蒙受無數委屈，暗地裡不知道掉了多少眼淚。她不是不想改變，她跟以前的我一樣，也嘗試過各種減肥方法想瘦下來，奈何都成效不彰。有一次，她採用激烈的斷食減肥法，長達九個月，每天只喝流質食物，如此激烈的手段當然很有效，瘦了快40公斤，但一旦停止，體重就立刻反彈，甚至變得比她之前還胖，直逼130公斤，體脂肪量高達73％！

肥胖毀掉的不只是芷琳的自尊與當美麗新娘的夢，更摧毀了她的健

康。年紀輕輕血壓就飆到快200mm Hg，還得了糖尿病，必須三餐服藥控制。嚴重的健康警訊逼迫原本已經快要放棄減重的芷琳重新面對問題，她很害怕自己有一天會陷入眼盲洗腎的人生絕境，於是痛定思痛，決定無論如何一定要瘦下來。

芷琳非常認真地參考了我分享的文章，徹底調整了原本的生活習慣，戒糖、戒鹽、減油，不吃外食，只吃天然食物，並按照當下的體重與體能，搭配合適的運動。

神奇的事發生了。在不挨餓的前提下，三個月後，芷琳的糖化血色素（三個月平均血糖值）從8.7降到了5.7（正常值為4.0～6.0），連醫生都很驚訝她的進步幅度。之後每三個月的檢查，她的糖化血色素都控制得很好，醫生也逐漸減低了她的藥量，從一餐一顆變成一天一顆、一天半顆，一年半以後，她成功擺脫藥物，完全無須再服藥控制。

在這過程中，她的體重大幅減少了51公斤，雖然距離她所設定的60公斤目標仍有一段距離，但她的體態跟以前相

比，已是判若兩人。芷琳本來就比一般女孩高一點，如今的她，看起來就是個神清氣爽、只是稍微有一點肉肉的健康女孩。

她告訴我，當她成功達到瘦身目標以後，要跟老公去補拍婚紗，還要補辦婚宴，大方告訴全世界：「我結婚了！」當我聽到她這麼分享時，真是又不捨又感動，一般女孩恐怕很難想像，芷琳要完成這個夢想，經過了多少的心路曲折。

我期待著芷琳達成目標、披上白紗的那一天，我相信她一定是最美麗的新娘，而且，她不只會美麗那一天而已，若她能持續均衡飲食與適度運動的生活，她會繼續美麗下去的。

找到一個「改變的動機」

我常告訴粉絲，想要提高減肥的成功率，最好能先找到一個「改變的動機」。前面提到的芷琳，她的動機是擺脫藥物控制的宿命，而我自己，則是為了追女朋友。有了動機，會比較容易熬過試煉。

要記住，這個動機不能太模糊籠統，而必須是你「非常渴望」的目標，就算其他人可能會覺得很可笑，但只要是你全心想追求的，它就是一個很棒的目標。

我有一位粉絲宇均，他想要減肥的初衷就非常特別：想要成為蜘蛛人！

才華洋溢的鋼琴男孩宇均，是一個蜘蛛人狂熱粉絲，蒐集了許多跟蜘蛛人有關的周邊商品，他甚至突發奇想，特地打扮成蜘蛛人的樣子上台演奏鋼琴，還聘請專業攝影師幫忙拍攝海報。

但是，宇均體重高達102公斤，自嘲都已經胖到沒有脖子，連低頭演

奏都有困難，這樣龐大的體態，就算穿上蜘蛛裝也要帥不起來，無論攝影師再怎麼努力調整角度、掩飾肥胖部位，還是沒辦法達到宇均想要的效果。

有一天，宇均在商店看到一套蜘蛛人緊身衣，非常動心。但這件衣服極為貼身，不要說是體重破百的宇均，放眼望去能穿出這件緊身衣美感的人，恐怕也不多，但身為蜘蛛人鐵粉的他，仍毅然決然買下這套衣服。而且，他不要這套漂亮的蜘蛛服只能永遠掛在衣櫥裡作為「收藏品」，他下定決心一定要瘦下來，帥氣化身為他最崇拜的超級英雄。

宇均做了許多功課，也看了我的文章，開始嘗試完全低油、低鈉、無糖、不加工的飲食計畫，並搭配一週四至五次的規律運動。

在每一餐都沒有餓肚子的情況下，經過半年以後，宇均的體重由102公斤銳減為80公斤，有了這麼顯著的成績，他繼續持之以恆進行計畫，當然，也沒停過運動，除了上健身房，他還到公園拉單槓、夜跑……把整個城市當成他的運動場。

以前的宇均，從不敢奢望這輩子竟然能擁有胸肌跟腹肌這種東西，但距離他開始減重一年又一個月以後，他的體重降到了63公斤，體脂肪只有13～14％，下巴的肉消失了，臉型變得輪廓分明，身材不但結實，還長出厚實的胸肌與線條優美的腹肌，他終於如願以償穿上那件蜘蛛人緊身衣，而且，看起來就像是蜘蛛人電影中的主角，精壯結實、毫無贅肉。

他在我的部落格上真情分享說：「把自己打造成內心最嚮往、最崇拜的那項人事物，將會更懂得珍愛自己，這遠遠超過那些物質欲望所能給予的滿足。」

我可以想像，當初宇均說想穿進那件蜘蛛裝時，一定有很多人唱衰

他：「你那麼胖，穿起來根本就是個肥蜘蛛，一點都不帥好嗎！」但是，宇均卻沒有放棄，最後，他也真的做到了，看著他穿上蜘蛛裝的帥氣照片，我深深感動。

在我的粉絲團裡，像宇均這樣的例子並不罕見，有產後發福但渴望擁有馬甲線的媽媽、有想要成為奔馳全場的賽車手的胖男孩……每個人的動機不同，但他們都為了這個目標而付出努力，在我看來，每個人都是能夠排除萬難的超級英雄！

雖然你必須花一些力氣扭轉多年來的飲食、生活習慣，但你所得到的報償，絕對值得你這麼做。我們的方法並不是激烈的速成法，但三個月內，你一定可以看到體重、體態、臉型的變化，就算是體重很重的粉絲，通常也只要一年多的時間，就能有極大的進步。而這個方法不只是對減肥有幫助，若能持續下去，對你一生的健康也有幫助。

不要懷疑，我們可以，你當然也可以。給自己三個月的時間，徹底脫胎換骨吧！

食物就是最好的醫藥

　　現在的我，可以說是非常健康，不只是體重標準、體態好而已，而且通常都覺得精神飽滿、活力充沛。

　　但我原先的體質其實算是「先天不良，後天失調」，從出生就非常容易過敏、拉肚子。

　　而我後來又成長於一個飲食比較混亂的家庭，經常吃鹹酥雞、含糖飲料等糟糕的外食，有一陣子長了滿臉爆膿的爛痘子，為了「有臉見人」，我看了好幾個醫生，吃了一大堆中藥、抗生素，甚至還有醫生開女性荷爾蒙給我吃，大家都想用藥物來解決問題，但就是沒有人告訴我：「你其實是飲食出了問題，只要戒吃鹹酥雞、戒喝高糖飲料，改吃健康的飲食就會好。」

原來，我吃得並不健康

　　我剛跟太太交往時，人是靠著大量的運動瘦下來了，看起來好像也還算健康，但外強中乾，面皰、過敏、容易感冒或拉肚子等症狀仍舊存在。而且，雖然我那時候看起來已經不胖，但還是有脂肪肝的問題。不

僅如此，或許是因為得過B型肝炎，我很容易感到疲倦，即使睡很多，也無法消除那種好像深入骨髓般的疲勞感。

當時的我還沒有意識到：我很多毛病的癥結都出在「飲食」，雖然我靠著運動維持身材，但我的飲食不但無法提供足夠的營養素，高油、高鹽、高糖、加工食品多的外食，對我的肝臟也造成許多負擔。

直到我開了粉絲頁，開始認真研究更科學、更健康的減重方式，我才恍然大悟，我的飲食還是有頗多問題。儘管我不像肥胖時那樣亂吃，但我還是頗愛炸物、炒飯等，我的日常飲食攝取太多劣質油脂與精製的澱粉類食物（例如白米、白麵等），而維生素、纖維質的比例則嚴重偏低。

之後，我開始調整飲食，神奇的是，持續飲食控制一段時間以後，脂肪肝就消失了。而2014年，我更發起90天減脂計畫，希望能夠透過自己做，達到「吃得飽、吃得好，同時還能減脂」的目的，我自己不但體脂肪下降到12％，很多惱人的小毛病也不藥而癒，就連容易累的問題也消失了。

雖然減脂計畫已經成功達成，但我已經愛上了健康飲食，一直到現在，還是喜歡自己煮，不只是為了瘦，也是為了健康。

練習寫飲食日記

我相信有很多人跟我以前一樣，不知道自己的飲食出了問題。

我認識一個阿姨，跟我抱怨自己明明吃得很健康，卻有血糖問題，我問她都吃什麼，發現她不但喝很多咖啡（而且還加了奶和糖），每天還吃貝果之類的精緻澱粉，此外，還吃了非常大量的水果，飲食比例失

衡，蛋白質也攝取不足。水果不是不好，但果糖若攝取太多，一樣會造成血糖失控。

就連天天在家開伙的人，飲食也可能潛藏危機。之前，我岳母去量空腹血糖，竟然高達200多mg/dL，這才發現已經有糖尿病症狀。我仔細了解岳父母家的每日飲食，發現他們雖然都在家自己煮，餐餐都有蔬菜、蛋白質，但老人家做菜時油和糖都用得很豪邁，而且吃大量白米飯，這些都會讓代謝問題惡化。

我語重心長地跟岳母分享飲食跟糖尿病的關連，說服她採用我減脂無糖的做菜方式，並且把主食換成糙米。幾個月後，在沒有特別運動的情況下，岳母不但瘦了6公斤，血糖值也恢復正常，全家都鬆了一口氣。

我建議大家可以練習寫飲食日記，把自己每天吃的東西記下來，仔細盤點熱量與營養，也許你的飲食並沒有自己以為的這麼健康，只是你還沒注意到。

家常菜滿足的不只胃口，
更是心靈

為了要貫徹90天減脂計畫，意外開始了我的廚男之路。

這個轉變，不僅讓我突破體脂肪難以下降的瓶頸，還帶來一個意外的驚喜，那就是：更親密的家庭關係。

父母、手足一起快樂溫馨吃頓飯，對很多朋友來說或許是蠻尋常的事，但在我的成長過程中，卻很少有這樣的經驗。

我父母親在我國小時就離婚了，我跟哥哥由阿公、阿嬤照顧，除了兄弟以外，還有兩個堂弟跟另一個異母弟弟，因為人多，都是圍著一張大圓桌吃飯。我阿公很傳統，家裡吃飯時氣氛是非常嚴肅的，通常大家都是悶不吭聲、默默吃完飯，然後下桌各自做各自的事。

上高中以後，阿公過世，家裡更顯冷清，我當時也有點叛逆，不愛回家，每天下課就拉著同學一起在外面閒晃，肚子餓了就亂買東西當晚餐吃，吃飽才回家。一家人同桌吃飯，是久久才會有一次的事了。

直到跟我太太交往以後，我才知道什麼叫做「家人一起吃飯的快樂」。我太太娘家感情很親密，他們習慣在家開伙，吃飯時通常都是全員到齊。有一次我去她家，到了吃飯時間，岳父母（當時還只是「女朋友的爸媽」）就熱情留我下來吃飯，他們都很好客，不斷勸菜，讓我受寵若驚。

在我們家，爸爸不動筷我們是不能吃的，但岳父岳母一直叫我先吃，

不用等他們，我一開始簡直是手足無措。吃飯時，大家興高采烈聊天，跟我家以前吃飯時的氣氛完全不同。

那一頓飯，在我心中留下很深刻的印象，其實我一直忘了，我最喜歡的就是家常菜。原來，一家人同桌吃飯，是這麼溫暖幸福的一件事……從那以後，我就很喜歡去她家吃飯，一方面是因為我岳母手藝很好，另一方面則是因為我很喜歡、也很享受那種「家」的溫暖。

我還記得我們結婚第二天，就又回岳家蹭飯了。那天，我太太一早就收到我岳父的簡訊，看完簡訊後，她開始啜泣。後來太太說，爸爸傳簡訊來，說昨天晚上弟弟哭了，因為回到家，發現姊姊突然不在家了，很不習慣……我聽到這裡，也忍不住偷偷紅了眼眶，雖然習俗上好像不應該結婚隔天就回娘家，但實在很捨不得老婆哭，便決定帶她回岳家一起吃飯（好吧，我承認我其實也很想去）。

我家都是男孩子，個個都很「ㄍㄧㄥ」，不像我岳父家的人這麼開朗活潑，情感表達上都沒那麼直接，從來沒有經歷過岳父母家裡的那種深刻羈絆。其實，我深深希望，能夠把這樣的親密感也複製在我跟我太太的小家庭中。

我知道，你會一直在我身邊

其實以前的我，是個徹頭徹尾的「不婚族」。我父母在我國小時離婚，我叔叔也是在我堂弟國小時離婚，我對「婚姻」毫無信心。雖然我內心深處仍渴望某種親密關係，所以從國中就開始交女朋友，而且每次分手後馬上就會交新女友，但我從來沒有想要定下來過。直到認識我太太以後，才翻轉了我的想法，我渴望跟這個女人建立一個穩定、恆久的

關係，她開啓了我對家庭的盼望。

今天，休粉可能都覺得一休哥很正面、很風趣，但我本來並不是一個擅長分享的人，也沒有幽默感，可是跟我太太交往時，不管我講什麼，她都覺得超好笑，大大激發了我的虛榮心：原來，我講話這麼風趣嗎？

後來，我發現她一個人看電視時，也經常笑到狂拍手、肚子痛，才知道不是我笑話講得很精彩，而是這丫頭根本笑點低……但無論如何，跟她在一起，我不用改變、不用偽裝，真的很快樂，她跟她家人又帶給我一種對「家」的憧憬，這是我願意跟她走一輩子的最大原因之一。

在她身邊，我就很有安全感，她很清楚地讓我知道，會一直在我身邊陪伴我、守候我。

記得我們結婚的那一天，婚宴上我被親友灌了許多酒，吐得一塌糊塗，弟弟把我扛回家後，我便睡得不省人事。隔天酒醒，發現自己癱在客廳的沙發上，手上還拿著一個接吐用的塑膠袋，而我的傻老婆則依偎在我身邊，沒有自己跑去睡舒服的新床，而是陪我窩在那小小的沙發上，默默地照顧我。

從那一天，我就知道這個女孩是可以依靠的對象，我們一定可以一起努力，構築一個像我岳父母家那樣溫暖、有愛的家庭。

請記得「爸爸的味道」

不過，我們剛結婚時，並沒有延續岳家在家開伙的優良傳統，多半還是吃外食。直到我開始發起「90天減脂計畫」，學著自己做菜以後，才真正開始建立「在家吃飯」的家庭文化。在外面買便當帶回家一起吃，跟自己煮全家吃，感覺完全不同，一方面，自己做菜能夠把關食材品質、營養與熱量，多了一份安心；另一方面，我很喜歡家人在餐桌旁滿心期待上菜的感覺，心中會湧現一種滿足感。

而且，我家李小妹很喜歡在我做菜時，跟前跟後來當小幫手，幫我挑菜、洗菜、打蛋，我們都很享受在廚房裡玩耍的「父女時間」。

說起來，我以前不但是「不婚族」，也是「不生族」，剛結婚時，我跟我老婆也曾為了要不要有小孩拉鋸過。後來，我讀了一本書《與神對話》，裡面有一句話：「世界上唯一只有一種愛，是無私、寬容，只求付出，不求回報的，那就是父母對子女的愛。」

這句話觸動了我，我決定，那就冒一次險吧！而這個「冒險」決定帶來的幸福，遠超過我所求所想。

以前的我，是個不習慣開口說愛，也不輕易流露脆弱的人，但李小妹的到來，徹底柔軟了我的心，讓我變得很愛笑，也很愛哭。我知道，孩子

有一天會長大，父女相伴的時間，是有「賞味期」的，所以，我特別珍惜能與李小妹相處的每一分、每一秒。

很多人長大成人後，吃遍山珍海味，最懷念的，仍是「媽媽的味道」，我十分盼望，將來我家李小妹長大後，也能夠記得「爸爸的味道」，知道她一直被關心、疼愛、守護著。

一開始，我下廚做菜的初衷，原本只是為了減脂瘦身，沒想到竟做出興趣來，還讓我因此「復興」了岳父母家在家吃飯的好傳統。對我來說，能夠跟心愛的妻女歡喜團聚，吃一頓用心做的家常菜，滿足的不只是胃口，更是心靈。

為了守護心愛的人

坦白說，來加我「一休陪你一起愛瘦身」粉絲頁，或是參加我們社團的人，大部分都是想要減肥、改變體態，首要目標倒不見得是為了健康，但過胖的人，通常或多或少都有健康問題，只是是否嚴重到怵目驚心的程度而已。

自從開始力行減脂飲食以後，越來越多粉絲也願意加入這個行列，一起過健康飲食與運動的生活，而更令我驚喜的是，許多跟著做的網友，

三個月後不但成功變瘦，以往健康檢查報告上不及格的紅字，也都回到安全區。

在這個世界上，我們從來不是一個人，我們的健康不單是我們自己的事而已，通常還攸關著另一些人的幸福。每當我看著李小妹稚氣的臉龐時，我就會告訴自己，我一定要做個健康強壯又帥氣的爸爸，陪她一起長大。

看到這些網友能夠像我一樣，擁有更強健的體魄，可以更長久地守護他們的家庭或心愛的人，跟他們上山下海、享受人生，我就為他們感到高興。

我們減肥，不只是為了自己變美而已，
同時也是為了健康、為了愛啊。

附錄
運動篇

一週運動計畫：搭配運動更快瘦

看完食譜後，一定會有人想，那需要配合什麼運動，或者是做什麼運動比較好嗎？

雖然運動本身就是一門非常專業的科學，一休在第一本書《一休陪你一起愛瘦身》裡也介紹了很多，但我想說：做你喜歡的運動，是最重要的。只有你喜歡的運動，在做的時候你才會感到開心，開心的事你才有辦法持續。

有些人聽說某些運動好像很有效，雖然很討厭，還是硬著頭皮去做，每次運動前都感到很掙扎，運動中感到很痛苦，運動後也不開心，這樣的運動是沒有意義的。

而且以減脂來說，最重要的一直都是70～80％的飲食，剩下的20～30％才是運動。如果你喜歡走路，可以安排每天飯後去走；喜歡打羽毛球，也可以找朋友一起去打；喜歡跑步、爬山、游泳都很好，任何運動只要開始做，對身體都會有正面的效果。

因為篇幅有限，我沒法在這裡介紹太多運動的原理，大家有興趣可以去翻閱我的第一本書。我的部落格有非常多相關文章，也可自行搜尋。

基本上，對於減脂來說，只要你有吃對，做運動就是事半功倍，我甚至可以說，只要你有吃對，不管做什麼運動都很不錯。

但如果你沒有吃對，或者你不想控制飲食，只想靠運動減重，那就是事倍功半。老實說，光靠運動能燃燒的熱量很有限，加上你不控制飲食的話，每天吃的遠超過你運動30分鐘所消耗的。所以要光靠運動減肥，除非運動量很大（一週運動至少六小時以上），不然還是老實的先把飲食控制做好，這時再搭配運動效果就很好了。

這邊簡單幫大家安排一週的運動計畫，基本上會分成沒有運動基礎，跟有點運動基礎這兩種。

在開始之前，我們先要了解一件非常簡單但重要的事：

運動基本上分為有氧運動跟無氧運動，
有氧運動可以慢跑、騎腳踏車、游泳、打羽毛球、爬山、快走等。
無氧運動可以衝刺、肌力訓練、重量訓練、間歇訓練等。

其實有氧跟無氧最簡單的界定標準，就是看心跳率跟強度。

無氧運動在運動時的心跳率大都在85～90%，運用乳酸跟磷酸系統，可以持續的時間短，通常不超過90秒，強度高。沒辦法長時間持續的就算無氧運動，所以每個人都不一樣，如果你慢跑就可以達到心跳率90%，通常跑不久，強度對你來說也很高，雖然不是用無氧系統供能，但也可以算是某種程度的無氧或間歇運動。

無氧運動的運動強度高，運動時間短，以徵召大量肌肉為主，無法長時間持續的運動都偏向無氧運動。

有氧運動則是運動時間長，心跳強度較低，能在氧氣充足的情況下，利用體內的醣元、脂肪跟蛋白質合成能量，所以簡單來說，只要運動時間長，運動強度低，能利用有氧系統供能都偏向有氧運動的一種。

✔ **有氧運動的好處**

1. 難度低，容易開始
2. 不需器材，任何時候都可以做
3. 使用有氧系統，可以燃燒脂肪

✘ **但只做有氧運動也有缺點**

1. 做久了燃燒熱量的效率會變低
2. 長期的有氧運動反而會燃燒肌肉
3. 無法增加肌肉
4. 瘦下來沒有線條

✔ 無氧運動的好處	✘ 無氧運動的缺點
1. 使用無氧系統，強度高，可以增加肌肉 2. 以同樣的時間來說，強度比有氧運動更高 （所以只做無氧減脂也是可以的） 3. 有器材或無器材都可以鍛練 4. 增加胰島素敏感度，增加生長激素效果好	1. 強度高，比較不容易入手 2. 強度高，比較難以持續

其實有氧跟無氧都各有好處，也各有困難之處。一休推薦最好的辦法，就是有氧跟無氧並進。可以在一週的運動計畫裡，安排2～3天的有氧運動，再交錯2～3天的無氧運動。

另外，我第一本書專門介紹的間歇運動（例如TABATA），也是同樣兼具有氧跟無氧運動的好處。

不過一樣是強度較高，不適合完全無運動基礎的新手。

在這個基礎下，一休爲比較沒運動基礎跟有點運動基礎的朋友安排了一週課表，如果你還沒有運動習慣，可以先照著簡單的課表開始培養運動習慣。

主要的運動安排會建議以輕度的有氧跟輕度的肌力訓練爲主，每週運動3～4次即可，每次運動的時間以不超過一小時爲限。

MON 星期一：快走30分鐘

一星期的第一天，我們不要太操勞，來個簡單的快走30分鐘就好，快走對於減重初期的朋友來說是個很好的運動。很多體重過重或沒有運動基礎的人，一開始就大量慢跑，其實很容易就出現腳踝或膝蓋痛的問題，如果跑沒幾天就膝蓋痛，接下來好長一段時間也都不用運動了，所以一開始建議快走就好了。

30分鐘的快走約可以燃燒150～180大卡，不無小補。這個期間做的運動，老實說對於減重來說都沒法有決定性的效果，但我認為卻是很關鍵的時間，你要一個沒在運動、體重過重的人一開始就跑個5公里、10公里是很不現實的，只有先開始喜歡運動，培養出運動習慣，才能持續運動下去，有了好的開始，才有接下來的第二步，第三步（如果可以，安排在餐後快走是最好的）。如果是本來就有運動基礎的人，則可以把快走30分鐘換成慢跑30分鐘。

TUE 星期二：簡單肌力訓練

昨天快走了，今天我們就在家做一些簡單肌力訓練，今天的運動就是直腿立姿或跪姿的伏地挺身12下×3組，仰臥起坐（捲腹）12下×3組，這樣就好了。訓練方法請參考我YouTube的教學影片，因為沒運動基礎的人通常肌肉比例少，如果你又超重，肌肉比較不足又沒力，一下太激烈運動，會提高受傷風險。

所以從很簡單的居家肌力訓練開始即可，伏地挺身是很好的上半身多關節運動，仰臥起坐雖然主要鍛練腹肌，但也是核心運動的一環，從現在就開始慢慢鍛練也不錯，不要妄想這樣每天做個10幾下就會練出六塊肌，那是不可能的。其實每個人天生都有腹肌，不過都被過多的脂肪蓋住了，在脂肪沒減下來之前都看不太到肌肉的形狀，但我們可以從運動中來檢視自己是不是有變得比較結實有力了。

例如你以前伏地挺身只能做3下，經過一段時間後你已經能連續做12下，那就表示你的肌肉強度有增加，可以徵召的肌纖維也變得比較多，那就是有進步的證明。

如果有運動基礎的朋友，則可以動作一樣，但把次數變成20下×5組。

WED 星期三：休息日

星期三就是休息日，剛開始我們目標為一個星期運動三到四天就可以了。這個階段我們主要要培養的是運動習慣，並不需要一個星期運動七天，所以大致上就是平均運動兩天休息一天，如果真的很不想休息也沒關係，那就出去快走30分鐘。

THUR 星期四：快走30分鐘

假設星期三有休息，星期四我們就是恢復快走的日子，一樣快走30分鐘就好。如果覺得可以，走個一小時也OK。運動初期追求的不是強度，而是持續跟時間，一般沒有運動習慣的人走10分鐘都很困難，慢慢練習持續不斷的運動30分鐘，是培養運動習慣很好的方式之一。

如果有運動基礎的人，除了把快走換成慢跑，也可以用任何你喜歡的有氧運動取代，如騎車、打羽球、游泳，甚至爬山。

FRI 星期五：簡單肌力訓練

星期五又是肌力訓練的日子啦，我們一樣做簡單的12個伏地挺身跟12個仰臥起坐各3組就好了，如果你沒法連續做12下，那就以可以連續做12下為一個目標。

對於有運動基礎的朋友，我會建議可以加入下肢的徒手深蹲或徒手分腿蹲運動，至於如何做深蹲跟分腿蹲，可以搜尋我的YouTube頻道影片。

一樣可以以每個動作做20下×5組為目標。

SAT 星期六：休息日

星期六就是假日啦，假日當然就是放鬆的日子，好好讓自己休息一天，如果你星期三沒休息到，今天一定要休息，不要想再去快走或慢跑，就好好休息或在家拉拉筋，使用按摩滾輪放鬆身體，讓身體恢復一下疲勞。

SUN 星期日：休息日

對於剛開始運動的朋友，我通常也會建議星期日休息，因為前面算下來，等於一個星期已經運動四天了，如果星期三也沒休息，等於一個星期運動五天，對於培養運動習慣來說，這已經很好了，假日的時間就跟家人出去玩、走一走。

如果你真的還是想運動一下，那就跟家人一起騎腳踏車、爬山，或者陪老婆逛街也可以算是一種運動。

以上是我幫剛開始運動的朋友開的運動菜單，通常只要有飲食控制，再搭配簡單適度的運動，都會有不錯的效果。

這個階段是「重量不重質」，因為最重要的是從培養一個好習慣開始，所以不要太在意運動的質，只要有開始照課表持續運動就好。畢竟每人對於運動程度的承受強度不一，如果覺得自己可以就走快一點，覺得累就走慢一點；做肌力訓練也是一樣，覺得可以就再多做1～2組，覺得不行最後少個幾下也無妨，重要的是開始把運動這件事變成生活中必做的事。

一休一直強調，飲食控制才是關鍵，會變胖80%都跟長期不當減重或飲食不對有關係，例如吃得太多、太甜、太精緻，或是澱粉攝取太多、蔬菜蛋白質攝取太少，零食吃太多，常常吃消夜、喝酒之類。慢慢開始把一些不好的飲食習慣戒除，練習養成好的飲食習慣。

跟著食譜改變飲食習慣，多吃我推薦的原型食物，當然最重要是持之以恆，只要做對的事一定會有成效，不要操之過急，不要把減肥變成一種生活的壓力，慢慢的去享受這蛻變的過程，等到三個月後運動習慣培養起來了，就可以慢慢進階到下一階段囉～

產後胖到不敢出門，
終於告別肥肥人生

我身高168cm，大學時體重最高峰來到72公斤，大四時失戀，我就下定決心要減肥，用了節食法、斷食法、直銷代餐法……只短短花了半年，誤打誤撞瘦到52公斤。

結婚懷孕後，因爲老公太疼愛我，我想吃什麼就買什麼給我吃，一天可以吃六餐以上，而且我特愛麵包跟牛排，下場就是生產時體重高達100公斤，生完竟然還有97公斤在身上！

我嘗試慢慢減重，平時偶爾走走路、跑跑步……持續了一年，體重終於來到86公斤。就在此時懷了二寶，生產後竟然還有92公斤……眞心覺得自己好像大嬸喔！我老公也無意間開玩笑說：「你胖成這樣，我都不好意思帶你出門耶！」我當場哭了……所以，我下定決心要好好認眞，給自己最後一次努力減肥的機會！

我開始規定自己一週跑步3天，一次1小時。持續一個月後瘦到了79公斤，但覺得瘦太慢，嘗試吃中藥調身體，但我吃一個月後放棄了，因爲實在太想吐！

後來我看到一休這個社團，才恍然大悟，原來不只運動還要靠飲食。我調整自己的三餐：早餐不碰早餐店油煎的食物例如蛋餅、蘿蔔糕之類，選擇飯糰、

Candy
Before：97kg
After：55kg

燕麥粥或高蛋白質的食物。午餐大多吃便當，我一定吃完菜和肉，白飯只吃半碗！點心，我選擇吃糖分含量較低的水果。晚餐只吃菜肉、蛋類及適量澱粉。另外，一天都喝1500CC的水！

認眞了一年半，我眞的成功了！我眞的熬出來了！減肥期間我遇到好多貴人，還有陪我一起瘦身的同好，以及一休社團裡大家的意見跟勵志文！也謝謝一休讓我有機會在這分享給大家！眞的很感動又感激！

用90天，找回25歲的自己

婚前我就有運動的習慣，所以身材練得
還不錯，還有傲人的胸肌。直到娶了美
嬌娘，我的身材也隨著老婆的懷孕與做
月子一天天的臃腫起來，原本的肌肉線
條也慢慢埋沒在脂肪堆裡。有好幾次想
要努力去健身恢復身材，但都無法持續
下去。

直到某天無意間看到一休的文章，提
到「給自己一個簡單膚淺的理由去減
肥」，這句話吸引了我。剛好健身房舉
辦90天減重大賽，給了我簡單的理由，
因為如果報名後沒完成，可是拿不回
1000元報名費的。

左上圖就是減重比賽當天拍的照片，真
的很肉很肉。第一階段我做許多有氧運
動，並戒掉所有油炸類跟甜食，只喝溫
開水，就減了3.3公斤，體脂肪也減了
4.5%，來到右上圖。

第二階段我不只晨跑，還加了TABATA
間歇運動，飲食方面也是依照著一休所
說的大原則：先吃纖維質，再吃蛋白
質，最後才吃碳水化合物。因為工作的
關係，中午一定是外食，如果便當裡有
炸雞腿，就不吃皮，如果主菜太鹹太
油，我就會跟人換青菜或蛋，並減少白
飯份量。晚餐前的點心換成超商的和風
醬生菜沙拉、香蕉、無糖豆漿和無調味
堅果這些比較不易發胖的食物。

阿富
體重 Before 80.7kg After75.1kg
體脂率 Before 24.4% After 18.9%

第三階段的生活重心在減脂增肌，我會
背著老婆和女兒做負重的腿部重訓，如
深蹲或是弓步，這樣不只能促進父女感
情，也能增加夫妻之間的信任感。

90天後，我減了5.6公斤，體脂率減了
5.5%。最慶幸的是肌肉量還維持在原本
的34.9%，代表我這次減了6公斤的純脂
肪。

我用了90天，恢復十年前的體態。你是
不是也該給自己一個機會，恢復到跟當
年差不多的體態跟體能呢？

把握瘦身飲食大原則，
不用再餓肚子啦！

2015年時因懷上了龍鳳胎，體重一度飆上個人生涯新高，產後體重恢復狀況又不盡理想，虎背熊腰加上一次帶雙寶的壓力，搞得自己越來越不開心，也沒自信，看著鏡中臃腫的自己，下定決心減肥，於是我開始進行跟大家一樣的少吃多動減肥計畫，但餓肚子實在太難熬了！很快就想宣告放棄。

這時，我先生把一休介紹給我，他說：「有個部落客成功的瘦下來了！你要不要參考他的方法？」半信半疑的我，心想反正死馬當活馬醫，照著文章裡的方法試試看吧！

飲食的部分我跟著一休把握幾大原則，「多吃優質的蛋白質」，戒掉以前最愛吃的雞排及各式加工食品，「吃優質的碳水化合物」，將白米飯換成糙米、五穀米。小孩也跟著一起重新適應，吃得更健康。

「吃足夠的纖維質」及「大量的水」，以前的我是肉食主義者及飲料一族，蔬菜及水分攝取不足，經由文章才了解它們對人體的重要性。最重要的是，我不用再餓肚子啦！

在初期的三個月搭配運動，體重減少了3.5公斤，但隨著肌肉逐漸習慣訓練模式，減重計畫遇到了瓶頸，因此加入重

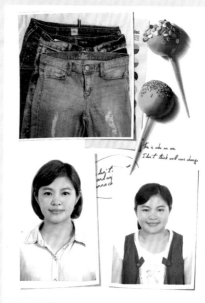

游欣蓓

量訓練，更了解需要考量肌肉量及體脂肪兩個標準才能瘦得健康，重訓後的四個月體脂肪減少了3.2公斤，褲子從L穿到XS!!

出國時海關看著我5年前的照片，眉頭一皺～發現案情並不單純，竟然開始盤問我基本資料……啊本人是跟照片差多少呀?!其實我是做了運動回春術！！

我36歲，是3個孩子的媽～

低脂健康飲食加運動，
終於收獲成果

在我讀小學三年級時，體重就比同齡的孩子重，可是我不以為意，一日照吃5餐正餐。到了中學，體重一直在65~70公斤，而我身高才150cm！青春少女時期難免愛美，就開始嘗試節食、喝蛋白質粉、看醫生吃減肥藥，當然這些減肥方式都讓我的體重下降12公斤左右。

在不斷的減肥與復胖中徘徊的我，終於放棄了減肥……肥就肥，管他的，本小姐開心就好了。但任性是要付出代價的，圖片中的我在26-27歲左右體重一度飆升85公斤。而健康問題來了，起床時踩地腳底會痛，爬樓梯時膝蓋像被針刺一樣。最嚴重的是意識到自己在起床時，身體的右半邊輕微麻痺無力！天啊～我才那麼年輕，不想中風啊！醫生勸我減重。面臨病魔的召喚，我不得不乖乖踏上減肥路。

在網路上看見了休哥的瘦身部落格，他不是賣藥的（很多減肥部落格都是賣產品的）。看到一篇志倫哥的減肥故事，哇！當頭棒喝！志倫哥和休哥說得對！根本肥胖就是我們腦袋裝的全是沒有營養的價值觀念，吃的全是高脂食物，又不運動，哪有不肥的道理！

好啦，就照一休哥說的，給自己90天的機會改變，跟著低脂健康飲食加運動，

Ally
Before：85kg
After：55kg

終於有成果了，花了三年多斷斷續續減了30公斤……現在55公斤，距離我的理想還有8公斤。我要感謝休哥不斷努力的去收集故事，本來我不想寫的，可是，我不想那麼自私，希望我的故事也可以感染到想減重的你，就像志倫哥的故事感染到我，給我動力。我知道你也可以的。

要謝謝休哥，不怕辛苦，一直為我們這些需要鼓勵的人打氣，謝謝你。

飲食控制和運動，
讓我得到強健的體魄，
還娶到美嬌娘

因為「李一休」，讓我覺得我的人生很幸運。在我剛要開始減肥時，偶然在網路上看到這名字。一開始當然以為他是騙子、賣藥之類的，因為我覺得不可能有那麼大的變化。莫名其妙的，我選擇了相信他，開始爬文、了解均衡飲食的重要性。從不會烹飪、開始水煮、開始會調味、甚至還大膽地賣便當（最後結業了，哈！）。

還記得肥胖的時候，我在跑步機上快走都會氣喘。我每天告訴自己要堅持半小時，一點一滴的累積，從快走、到慢跑、到快跑，然後開始路跑，漸漸愛上跑步，還為了追女孩去跑半馬，咦？

小白

其實，我一直都認為自己是天生的胖子，從沒想過自己也會有瘦下來的一天。但飲食控制和運動，真的會讓你的付出得到意想不到的回報，那就是健康的體魄。

為何我說很幸運認識了一休哥呢？因為輕易地跟著他的飲食方式，再搭配適量的運動，那絕對是事半功倍！就這樣我成功減了二十公斤。也很幸運的，一休哥從我的偶像變成好朋友。除了飲食、運動上的分享，更感激的是他一次又一次的鼓勵與支持，人生的任何問題他都會耐心聽、繼而給予安慰與鼓勵。

也因為一休哥、因為社團，很幸運的，我認識了她。一休哥來馬來西亞三次，每一次我和她的關係都更進一步。第一次我們初相識、是朋友，第二次我們已經是情侶，還求婚了，第三次我們已是夫妻，而接下來的第四次，我們會帶著小小白來迎接一休哥了。

一休哥絕對是個稱職的紅娘，想找另一半的，記得一定要加入社團喔（放錯重點）！

為自己，
圓了一個女孩夢。

就在2015年那一年，認識了休哥，我的人生開始改變。

從小我就是個胖妹，朋友爲我取的外號就是離不開「肥」「胖」這兩個字眼。那時因爲肥，買不到漂亮的女裝，只能買男裝……所以乾脆也把頭髮剪短，打扮得像男生。因爲飲食沒控制，越吃越肥，皮膚也變得非常差，整個人看起來，超沒自信。

直到20歲那一年，覺得眞的受夠了，不能再這樣下去，加上那時受了一些刺激，激發我開始減肥這個旅程。你所能想到或想不到的減重方式，我都試過，什麼一天一蘋果、一天一杯豆漿、不吃澱粉……這些失敗的方案我也經歷過。

就當我要放棄，覺得自己一輩子就只能當胖子的時候，在網路上認識了減重達人李一休。休哥所分享的方式是每個人都能做到的、眞正教我們瘦下來的方式，就是改變飲食和生活習慣，持之以恆的去做對的事。

與其說改變，不如說我學會了「減重」這一門知識。這次是我第一次覺得減重是件開心的事。

當初是因爲認識了休哥，看到每個休粉的減重故事，我才看到了希望，慢慢有了信心去減肥。在這裡跟大家分享我的

小李

小小故事，希望也能給大家一些力量。我花了大約兩年，減去了25公斤。期間因爲身邊有太多誘惑，當然也有想過放棄，但休哥所分享的心得與經歷，是終身受用的。

直到現在，即使因爲工作忙碌無法天天到健身房打卡，我還是努力掌控飲食，偶爾在家裡做一些徒手運動，努力去維持自己的體態。

不是少吃就會瘦
吃對東西才是瘦的關鍵

從小就是一個不折不扣的胖子，肥胖最大的困擾就是找不到適合的衣服穿。一路上嘗試過很多看似有效、效果卻很短暫的減肥方法，差點把身體搞壞。

因為種種因素，促成這輩子一定要瘦的決心。一開始帶著忐忑不安的心情加入了健身房，剛開始面對陌生的器材根本不知道從何開始練起，教練帶我去做幾項器材，因為本身肌耐力差，撐不到幾下就投降了……

後來就去量了Inbody，不量還好，一量嚇死人！沒想到我體重高達80公斤，體脂肪高達53……這是一個多麼恐怖的數字，我才驚覺事態嚴重。

因為工作時間都在晚上，我利用白天去運動。一星期運動五天，一次兩小時，重訓兼有氧都會做。飲食方面，我自己一手包辦，除非很忙時才會外食。但食物要慎選，像我在水煮餐之外，也會攝取健康的好油，如橄欖油、芝麻油、椰子油等，澱粉類我也會適量攝取。運動完我會喝一杯無糖豆漿來補充體力，或多挑一些低GI值的飲食。

記住，不是少吃就會瘦，吃對東西才是瘦的關鍵。所以我減肥期間從來不讓自己餓到，而且蛋、豆、魚肉類、和蔬菜水果都會均衡攝取。

慧萍
體重 Before 80kg After45kg
體脂肪 Before 53 After20
腰圍 Before After 32-22

水分也很重要，我每天一定要喝超過2000CC溫開水來提高代謝率，還可以促進腸胃的蠕動。之前深受便祕困擾的我，經由喝水改善了不少，皮膚也變好了，水真的是我的好朋友XDD

減肥的不二法門不是少吃，而是吃對東西。沒有所謂捷徑，只有不斷的努力持續堅持下去，才能看到自己蛻變的那一天^0^

不要放棄，堅持就對了！

我從2012年改變飲食，2014年開始在家自己練習運動。健身是一把不用醫生、自己就可以動手的完美手術刀，請問你開始動刀了嗎？

參考一休的飲食跟許多運動知識，自己在家練了兩年多，也許在某些人眼中，我的手線條不夠美，腹部不夠結實，臀部不夠翹，但我自豪的是，37歲的我還在堅持著讓自己成為更好的自己。不知不覺中，我從不愛動的大媽，變成習慣運動的女生。自從下定決心要改變後，一向做事半途而廢的我，竟然可以堅持到今天。運動不但健身，還能健心！讓我變得剛強和堅持。

Jesse

小小的腹肌，是給自己最好的禮物

對生了小孩的女人來說，身體走樣是很難過的事，更何況我的寶寶全部都非常健康，超過3.5公斤，因此肚皮皺到連自己也不想看！

雖然一直以來我也有跑步，但都沒有特別改善，可能是因為跑步後又吃豐富晚餐的緣故。直到遇上一休和社團的兄弟姊妹，在2018年我送給自己的最好禮物，就是擁有小小的腹肌！一休說的非常對，堅持就是給自己最好的禮物！一休的雞胸肉排很好吃，電鍋蒸雞胸肉也非常美味。控制飲食加上適當的運動，我相信接下來因為我的堅持會變得更棒更完美！

Jessie

減重也能營養均衡，享用美味料理

我是上班族，因長期工作、生活飲食不規律而導致肥胖。半年前，老婆跟我分享一休的減重方法與食譜，我自小就有不認輸的精神，認為別人可以，相信我也可以的，於是下定決心，展開了為期6個月的減重計畫。

飲食參考一休的減脂菜單，感謝老婆的用心，讓我可以享用美味料理，營養均衡又健康的減重。搭配有氧及無氧運動，花了半年的時間，靠毅力成功減掉12公斤，身型變輕盈後，增加不少自信心，很喜歡現在的我。接下來最重要的是不能鬆懈，要繼續保持運動，維持體態才是王道。

游尊亦
Before：80kg
After：68kg

減重慢慢來，才是最有效率的！

身為一個胖子，旁人從未停止對我「肥哥」「肥豬王」「長歪的胖子」的戲謔稱呼。雖然我也曾萌生減重的念頭，但總是沒有動力持續。

就在我的二寶出生的前一個月某天，工作的餐廳賣到沒有肉了，其他師傅就開玩笑的對我說：

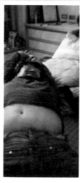

陳小豬

「割你身上的肉來頂一下吧！」多麼大的打擊，我終於下定決心，開始上網蒐集減肥資訊，正好看到了休哥在mobile01上的發文。於是我開始珍惜每個零碎時間去運動，並徹底改變自己的不良飲食習慣。

原來不是不吃就會瘦，而新的觀念是可以越吃越瘦，但是重點是看你要怎麼吃，吃什麼！雖然改善飲食習慣加上運動，減重的速度不會很快，卻是最有效率的，然後你就發現自己漸漸有機會成功了！

www.booklife.com.tw　　　　　　　　reader@mail.eurasian.com.tw

Happy Body　170

一休陪你一起愛瘦身2：

最多人問的45天減脂計畫，吃飽還能瘦的美味秘密大公開
（附QR Code料理示範影片）

作　　　者／李一休
文字協力／李翠卿
攝　　　影／謝文創攝影工作室（封面・內文食譜）、大衛攝影工作室（影片）
發 行 人／簡志忠
出 版 者／如何出版社有限公司
地　　　址／台北市南京東路四段50號6樓之1
電　　　話／（02）2579-6600・2579-8800・2570-3939
傳　　　真／（02）2579-0338・2577-3220・2570-3636
總 編 輯／陳秋月
主　　　編／柳怡如
專案企劃／沈蕙婷
責任編輯／柳怡如
校　　　對／李一休、柳怡如、沈蕙婷
美術編輯／金益健
行銷企畫／張鳳儀・曾宜婷
印務統籌／劉鳳剛・高榮祥
監　　　印／高榮祥
排　　　版／莊寶鈴
經 銷 商／叩應股份有限公司
郵撥帳號／18707239
法律顧問／圓神出版事業機構法律顧問　蕭雄淋律師
印　　　刷／龍岡數位文化股份有限公司
2018年4月　初版
2018年8月　16刷

定價430元　　　　ISBN 978-986-136-506-0

在這本書裡，我要教你們調整飲食習慣，讓大家知道，食物的力量有
多麼巨大。三年多來，已經有數十萬人用這樣的飲食方式，為地球減
去了好幾十萬公斤的重量。

—— 《一休陪你一起愛瘦身2》

◆ **很喜歡這本書，很想要分享**

圓神書活網線上提供團購優惠，
或洽讀者服務部 02-2579-6600。

◆ **美好生活的提案家，期待為您服務**

圓神書活網 www.Booklife.com.tw
非會員歡迎體驗優惠，會員獨享累計福利！

國家圖書館出版品預行編目資料

一休陪你一起愛瘦身2：最多人問的45天減脂計畫，吃飽還能瘦的美味秘
密大公開/ 李一休著. -- 初版. -- 臺北市：如何，2018.04
　　256 面；17×23公分 --（Happy body；170）

　　ISBN 978-986-136-506-0（平裝）

　　1.食譜　2.減重
427.1　　　　　　　　　　　　　　　　　　　　　　107002633